清华
正能量

清华大学传递百年的**超级心理密码**

王保蘅 著

百花洲文艺出版社
BAIHUAZHOU LITERATURE AND ART PRESS

图书在版编目（CIP）数据

清华正能量 / 王保蘅著. -- 南昌：百花洲文艺出版社，
2013.6
ISBN 978-7-5500-0690-4

I.①清… II.①王… III.①清华大学—概况
IV.①G649.281

中国版本图书馆CIP数据核字（2013）第141070号

清华正能量

王保蘅 著

出 版 人	姚雪雪	
责任编辑	余 茳	
封面设计	阿 正	
出版发行	百花洲文艺出版社	
社 址	南昌市阳明路310号	
邮 编	330008	
经 销	全国新华书店	
印 刷	江西省人民政府印刷厂	
开 本	170mm×240mm 1/16	
印 张	17.5	
字 数	243千字	
版 次	2013年8月第1版 2013年8月第1次印刷	
书 号	ISBN 978-7-5500-0690-4	
定 价	29.70元	

赣版权登字：05-2013-195

邮购联系 0791-86895108
网 址 http://www.bhzwy.com
图书若有印装错误，影响阅读，可向承印厂联系调换。

前言 PREFACE

清华大学，前身为留美预备学校，于1911年诞生。清华大学以"自强不息，厚德载物"为校训，勇于承担历史使命，在政治、科学、教育等方面作出了巨大的贡献，并在五四运动和新文化运动中勇于承担先锋作用，让校园成为知识和思想的传播阵地，让清华人成为国家振兴的栋梁之才。在"自强不息，厚德载物"的校训激励下，一代又一代清华人怀着满腔热血，奋斗在民族革命、抗日战争、民族解放的第一线。清华人才济济，汇聚各路精英，共谋民族兴旺的大计，很多新思潮在清华诞生、传播，为新中国的成立和建设作出了不可磨灭的贡献。清华人以自身为榜样，刻苦努力，创造了良好的学习文化氛围，为建设新中国培养出了大批实干人才。

而今，清华人以自身为榜样，刻苦努力，在中国迈入现代化建设进程中担负着中流砥柱的作用。在前所未有的机遇面前，清华人铭记历史的使命，弘扬爱国、奉献的优良传统，秉承"自强不息，厚德载物"的伟大情怀，追求严谨、求实、创新、勤奋的学风，积聚了强大的正能量，带动着中国大学走向世界一流大学之林。

进入清华大学学习，是许多学子的梦想，因为清华大学一直是中国综合实力最强的大学之一，在这所学校中，中科院院士38人，工程院院士34人，973项目首席科学家28人。这一切都是其他高校难以企及的。清华为社会各界培养了无数的精英人才。清华大学的精神不断地给广大清华人以熏陶，使清华人终身受益。

在物质蓬勃发展的今天，一所大学的辉煌能得以延续，需要的不仅是物质，更需要一种精神，一种厚重的精神和文化体系，一种能量的聚集，而清华就有着这样得天独厚的优势。

清华大学自建校以来培育了无数精英，如为民族争光的詹天佑，幼儿教育先行者陈鹤琴，大数学家华罗庚，"两弹一星"元勋钱学森、邓稼先等等，他们的勤奋、爱国、奉献精神不仅影响了一届又一届的清华学子，更让国人深受鼓舞。

在清华的精神体系里，每一个清华人都拥有着自己的激情和梦想，并在求知中懂得人生需要勤奋和进步，也要有坚定的毅力和恒心。每个清华人都有自己的目标，并为实现自己的目标不断努力。社会是一个大集体，人与人之间要有集体主义精神，为国家和民族要肩负起使命感和责任感，在爱国奉献的事业中实现自己的梦想，在艰苦奋斗中求实创新，这也是清华人的精神。在这种正能量的驱使下，完美的人生也就指日可待了，正如《周易》所言："天行健，君子以自强不息；地势坤，君子以厚德载物。"

正是出于对清华精神的仰慕，我们才创作了此书。全书共分为清华正能量、求知正能量、进步正能量、目标正能量、创新正能量、爱国正能量、集体正能量、意志正能量、责任正能量、求实正能量、人格正能量、品德正能量、勤奋正能量、心态正能量等十四个章节，全面分析了清华作为世界一流大学所独有的学习氛围与奋进精神。希望读者在通读此书能接收到这种正能量，并吸收和传播它，真正做到学以致用，时时刻刻以清华人为榜样，树立正面积极向上的价值观和人生观，做一个生活中受人欢迎的人和社会中有用的人，实现个人人生价值，收获完美的人生。

目 录
CONTENTS

第一章

【清华正能量】
清华释放出激情澎湃的梦想

第二章

【求知正能量】
清华人用学识编织美好未来

第三章

【进步正能量】
清华告诉你辉煌的背后总有一颗进取的心

第四章

【目标正能量】
清华教你志存高远才能体现价值

第五章

【创新正能量】
清华用勇于创新谱写优良学风

第六章

【爱国正能量】
清华学子用满腔热血支撑起的献身精神

第七章

【集体正能量】
清华用万众一心的精神开创传奇

第八章

【意志正能量】
清华告诉你坚守信念必能突破自我

第九章

【责任正能量】
清华用雄心壮志担负起的社会责任

第十章

【求实正能量】
清华告诉你自强不息才能绽放威严

第十一章

【人格正能量】
清华告诉你刚正不阿才能施展个人魅力

第十二章

【品德正能量】
清华让厚德载物精神遍地生根

第十三章

【勤奋正能量】
清华告诉你勤奋才是修补劣势
最好的"强力胶"

第十四章

【心态正能量】
清华人用理性的思考平抑内心的浮躁

第一章 【清华正能量】

清华释放出激情澎湃的梦想

有梦就有希望，有希望就有明天，梦想能让人的眼神充满渴望，也能让一个人激情澎湃。有了梦想，成功和幸福就会来敲门。但是光有梦想是不够的，只有梦想的人就像一座没有基石的空中楼阁、海市蜃楼，就像一个人站在山顶的人，看得到远方，脚下却没有路，梦想也永远不会成为现实，成为可能。如果想要让梦想实现成为可能，这就需要正能量——一种积极向上的能量，它能让一个人释放出激情。正向能量是一种"自强不息，厚德载物，行胜于言"的精神状态，是一种健康的、与人为善的理性思维方式，也是一种使命和责任艰巨的无私奉献的道德情怀。而清华正是这种积极向上的能量的发源地和聚集地，它让清华人感到无比自豪，也帮助清华人找到了自己的梦想，到达梦想的彼岸。通过蝴蝶效应，这种正能量在清华生根发芽后，又被清华人传递出来，传给了每个人，传到了每个角落。可以说，清华对国家和个人的发展都起到了举足轻重的作用，清华积蓄了"自强不息、逆流而上、勤奋、求实、创新"的正能量，清华人将前辈通过自身经历诠释的正能量传承下来，告诉世人继续释放激情；而清华所具有的这种积极向上的正能量是每个想要实现梦想的人必须汲取的精神能源。因为有了正能量这个法宝，梦想成真也就指日可待了。

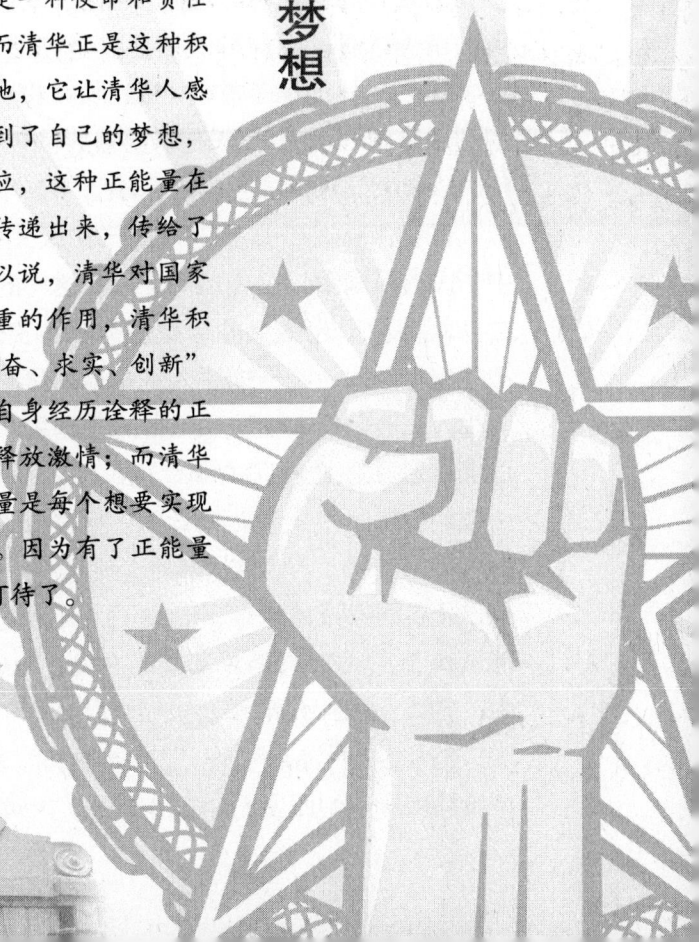

1

清华学子的自豪感源于清华能给
他们无尽的正能量

每个清华学子在走出校门时都会面带自信、憧憬的表情，这是一种发自内心的自豪感，在他们身上体现出的是一种勇往直前、无所畏惧的精神气质，而这种气质是其他任何一所大学所没有的。为什么清华学子会比其他学子有着更强烈的自豪感呢？这一切很简单，因为他们身后有着一所具有历史厚重感的学校——清华，正是清华这个与中华民族风雨同舟的知名学府，赋予了清华学子无穷无尽的正能量。

国家羸弱，外强凌辱，祖国和人民处在水深火热之中，清华就在中华民族风雨飘摇中应运而生。在这样的历史背景下，使得清华在诞生之初就要承担起强大的历史使命感和责任感，这种使命和责任内化为清华精神，像血液一样注入到每个清华学子的血管中，洗炼心灵，焕发新生，使他们具有了忘我无私的爱国主义奉献精神。无数清华学子前仆后继奔赴在救亡救国的革命道路上，为新中国的诞生和民族的解放抛头颅、洒热血，一个个清华学子满腔热血，慷慨激昂，战斗在如火如荼的战争第一线，为改变民族命运赴汤蹈火。清华人始终与时俱进，和国家、民族同呼吸共患难，形成了优良的爱国主义革命传统。这种爱国正能量给予了后来清华人无限的力量，为他们在社会现代化建设的进程中，提供了源源不断的动力，这也是清华人感到自豪的基础。

清华自建校以来，一直秉持着科学救国的理念。清华人在科学领域始终倡导"中西融汇、古今贯通、文理渗透、求实创新"精神，一批又一批学子在清华园中勤奋求学、严谨治学。清华为社会培育了一批又一批的栋梁之才，这使得清华一时间出现了门庭若市、桃李争辉的盛况，很快清华就成为了中国大学的领跑者，而且它还填补了我国科学领域的空白，如铁路总工程师詹天佑在铁路建设中取得的成就，极大地打击了帝国主义的嚣张气焰，为民族实业史写下了光辉的一页；国学大师王国维、梁启超、赵元任等在人文社会科学领域开拓了新的视野；还有自然科学奠基者竺可桢等。在新中国成立后，清华人积极响应党的号召，到祖国和人民最需要的地方去，投身于社会主义的教育、科研、建设事业。清华人秉承优良的学风，从严治学的教风，为新中国培养了许许多多兴业之士，这种勤奋、严谨、求实、中西融汇、古今贯通、文理渗透、海纳百川、兼收并蓄的正能量深深地影响了每一个清华学子，他们也会继承这种正能量，不断积蓄，期待在祖国的各个领域创造辉煌。

每一位清华人，他们身上都有着独特的人格魅力，这种独特的人格魅力也是与生俱来的。贺华勃说："这是一种不可言喻的两情相悦，它给予我们的，犹如芳香给予花儿一样。这种魅力是不断进取、不断奋斗的精神，是坚忍不拔、毫不动摇的强大毅力，是一种恪尽职守、厚德载物的道德情操，更是一种公平正义、刚正不阿的伟大情怀。这种人格魅力的芳香飘洒在清华园，每一个清华学子吸进了自己的鼻孔，经过血液，渗透到皮肤，靠近他们就会有一种日久弥香的香味，一种难以磨灭的味道。"人类被认为是万物之灵，有自然属性和社会属性，这就注定了人类是无法孤立存在的，社会交往难以避免，而清华人的人格魅力让他们在人际交往中散发出温暖和勇气，无形之中提升了个人的力量，人格魅力的正能量也就变得越来越殷实。

清华人是智慧的代名词，一提到清华人，就会想到其学富五车、聪慧、才华超群等赞誉的词汇，这一切的荣誉对清华人来说也是实至名归的，如清华学子钱锺书、茅以升、邓稼先、王国维、钱三强、华罗庚等等，无不让人对他们产生崇敬之情，他们用各自的成就谱写了清华一段段华美的篇章。英国戏剧家莎士比亚说："智慧就像天使降临，举起鞭子，把犯罪的亚当驱逐出了他的心房。"智慧让一个人变得伟大，它洞悉社会一切现象，把握成功的本质和规律，实现心灵的升华和顿悟，让人生更加圆满和幸福；智慧潜藏在清华的每一个角落，甚至是没有生命的建筑，都被浸泡在清华行胜于言、求实、创新、勤奋的校风中，激励清华人树立远大的目标，勤奋学习，在人生道路上不断求知，充满积极向上的心态，继往开来，在这种灵秀之气的耳濡目染下，清华学子不知不觉就被悄悄注入了"清华"基因，成为一种血缘关系。

清华正能量源远流长，它以博大精深的中国传统文化作为基础，勉励清华学子要"自强不息，厚德载物"，激励清华学子崇德修业、发奋图强。"自强不息，厚德载物"是一种价值信仰，是一种品德修养，更是一种强大的精神正能量，是保持清华人凝聚力和向心力的源泉。自强不息这种正能量赋予清华人在学习、工作中不服输、勇于创新的勇气和永远不向逆境和困难低头，敢于面对挑战的精神。

清华人历经多年风雨洗礼，不断积蓄清华正能量，而这种正能量又不断鞭策和推动着一代又一代清华学子的成长，继续延续清华的辉煌，所以说清华人强烈的自豪感正是源于清华给予他们的无穷无尽的正能量。

2

记住：清华绝不只是学府，
更是能量的"聚集地"

在不了解清华的时候，如果问你清华是什么？也许你会单纯地说："清华，不就是中国一所著名的高等学府嘛。"如果这样看清华的话，你只能被大众认为是一个肤浅的人，因为认为它是一所普通大学仅仅只是看到了表面现象。马克思说："看待事物，一定要抓住事物的本质。"清华大学从诞生的那一刻就注定它不仅仅是一所高等学府，一个培育人才的摇篮，最关键的是清华必须是正能量的聚集地。在一所普通大学学到的仅仅只是知识和一些浅显的做人道理，而在清华不仅能学到知识而且还能树立正确的人生观，为国家和民族传递积极向上的正能量，这种正能量的受众群体不仅仅是清华学子，它包括了整个中华民族，甚至整个人类。

人一出生就必须要面临的问题是什么？它的解决方法又是什么？这是每一个人都必须面对的问题。当叩问人活着的意义的时候，人都必须要为自己的生存找到一个立足点和依据。对此，清华人给出了比较完美的回答：著名散文家朱自清先生说："各凭良心。"冯友兰先生却说："累是累点，不以为苦。"是的，做人法则就是要讲良心，在工作上只要有敬业精神，就能打牢人生的根基。古希腊哲学家说："没有经过反省的生命，是不值得活下去的。"生命需要反省，需要实事求是的生活态度，物理学家吴有训在科学方面就很讲究实事求是，他认为做人就像他从事科学研究一样，要实事求是，讲良心，这是一个人立足于社会的资本。俄国著名文学家列夫·托尔斯泰说过："人生的价值，并不是用时间，而是用深度去衡量的。"这说明一个人要有"战士死于沙场，学者死于讲坛"的兢兢业业的敬业精神，清华人梁启超用自身的行为证明了为国家为学术"死而后已"的精神，这才是人生价值的深度和高度的体现，这种正义、实事求是的正能量也一直在清华校园蔓延。

对于一所好大学来说，教授的知识只是一个学子所要学习的基本的东西，而学生更要学习的是强大的人格正能量，为人生树立一座道德的丰碑。清华人注重个人尊严，和他人平等相处，在任何场合都注重培养自身宠辱不惊、淡泊明志、宁静致远的情怀；在民族危难之际敢于挺身而出，发出正义的呼喊，有着"天下兴亡，匹夫有责"的伟大爱国情操，他们逆潮流而动，以不屈的毅力为支撑，不断完善自身人格，积蓄正能量。在生活中，对于一个正常人而言，道德永远高于知识，高于智慧。假如你是一个学富五车的教授，没有道德，别人一样不会敬重你。因此，一个人如果不懂注重加强道德修养，尽管他的知识很丰富，但是他离真理的距离却依然很远。清华师生用他们各自的行动完美诠释了这种道德的人格魅力，如一生清白的梅校长、以德服人的李建秋、宁愿饿死的朱自清、有大格局大胸怀的陈达等等，他们高洁清廉、坚守气节、胸襟旷达，大师们在道德方面所表现出来的行为可称得上万世师表。完善的人格是人生的最高学府，也是人生的一股正能量。

在大学的校园评比中，国内很多高校都不能与清华相提并论，清华园的美丽风景，烘托着清华智慧正能量愈加多姿多彩。在清华校园里，各种景色尽收眼底，自然少不了几多诗意的智慧，而知识是智慧强大的后盾，清华人对知识的渴求毫不夸张地说是近乎贪婪，这使得清华出现了很多"书虫"，如钱锺书对书的"痴"，读万卷书、行万里路的潘光旦，既读圣贤书又理天下事的王国维等等，他们在消化知识的同时，也吐出了人生的智慧和真理。智慧之花是需要勤奋耕耘的，成功的条件有很多，但是勤奋才是硬道理，那些声名远播、享誉中外的清

华人所取得的成就靠的不是他们天资聪颖，而是脚踏实地的勤奋苦干和辛勤耕耘。古希腊哲学家苏格拉底说："智慧的对立面是疯狂。"这说明了智慧的人生方向是需要理性来掌舵的，为人和为学的智慧都需要理性，没有理性的人生就会是盲目和混乱的。在人生的道路上，无论遇到困境、顺境、危险还是责难，理性都能帮你保持一个积极向上的心态，沉着冷静、科学严谨地渡过每一个难关，如此才能让智慧之花在清华这片沃土上积聚，遍地开放，结出最丰硕的果实。

中国是有着五千年灿烂文明的古老国度，博大的人文情怀是其立足之本。清华之所以能延续百年辉煌，不仅仅在于它能在科学领域取得卓越贡献，最本质的在于它有博大的人文情怀和源源不断的正能量。清华的一代代掌舵人始终关注人的自由和全面发展，寻找人最本真的精神需求，正如梁思成先生所说："走出半人时代。"正是在这种满含博大情怀正能量的历史情境下所提出来的。不管是在清华的校园里还是课堂上，你都会感受到春秋战国时期的那种百家争鸣的气象，清华人提倡"学术自由，独立思考"，他们敢于挑战、敢于打破常规，勇于创新，这种人文精神用清华教授陈寅恪先生的话来说是最合适不过了："独立之精神，自由之思想"。博大的人文情怀还体现在清华人有着"先天下之忧而忧，后天下之乐而乐"的爱国正能量，他们愿与祖国生死相依，巴金说："我爱我的祖国，爱我的人民，离开了它，离开了他们，我就无法生存，也便无法写作。"一代代有着强烈民族荣誉感和爱国人文关怀的清华人，不仅因为他们在科学上取得卓越的成就而伟大，更重要的是因为他们博大的爱国情怀和高尚的情操令世人瞻仰和敬佩。这种人文正能量自清华建校伊始就在清华生根发芽，茁壮成长。

因此，看待清华，不能用肤浅的眼光去看待，要看到她的实质，她不仅是中国最优秀的高等学府，而且还是世界一流的大学，更是一种积极向上的能量的聚集地。

3

正向能量为何在清华如此"畅销"?

很多人都有一个疑惑:正向能量为何能在清华如此"畅销"呢?

世界上著名的"蝴蝶效应"说,一只身在南美洲亚马逊河流域热带雨林中的蝴蝶,偶尔扇动几下翅膀,就有可能在美国的一个州引起一场龙卷风。

汽车大王福特刚从大学毕业的时候,到一家汽车公司去应聘。当时应聘的人很多,而和他一同应聘的人学历都比他高。因此,福特感到应聘没有任何希望了,但他还是硬着头皮走进了董事长的办公室。一进门,他就发现地上有一张纸,于是弯腰把那张纸捡了起来,见是一张废纸,就又顺手将其丢进了垃圾箱里。这一个不起眼的小动作,被董事长看在了眼里。福特忐忑地坐到了办公桌前,正欲开口时,董事长马上打断他说道:"福特先生,欢迎你加入我们的团队。"这让年轻的福特感到非常诧异,因为自己还没有开始面试,便被录用了。直到后来他才知道,自己被录用的原因正是他弯腰捡纸的那个不经意的小动作,之后福特便开始了他的传奇人生,直到公司以福特的名字命名而享誉全世界。福特的收获看似偶然,实则是一种必然,他下意识的一个简单动作,其实就是一个人的一种习惯,这种习惯表现出来的就是一个人对生活的态度。

著名心理学家威廉·詹姆士说:"播下一个行动,你将收获一种习惯;播下一种习惯,你将收获一种性格;播下一种性格,你将收获一种命运。"这就是著名的"蝴蝶效应"理论。假如你真正了解蝴蝶

效应的话，就不会再纳闷为什么正向能量在清华会那么"畅销"。在清华校园里，只要捕捉到一只具有正向能量的"蝴蝶"，清华人就能一通百通，这种一通百事皆通的理论被清华人赋予了一种精神叫不断"追求卓越"。

清华"大师"的名誉不是世袭的，他们也没有超群的智力，他们和平凡人一样，唯一的差别就是，他们懂得如何运用"蝴蝶效应"，让自身具有一种"追求卓越"的精神。无论是一个怎样的人，哪怕他身上只有一点小小的正能量，比如喜欢求知，他就会去勤奋学习，因为只有勤奋学习才能求得真知，而真知的获得又必须要有坚韧不拔的意志力。所以正能量在清华就是一种蝴蝶效应，正向能量的集聚和"畅销"正是通过"蝴蝶效应"，驱使清华人不断追求卓越、锐意进取，在科学和人生领域取得了极大的突破和惊人的成就。

正向能量在清华的畅销和清华人"自强不息、厚德载物"、"追求卓越"的精神是分不开的。每个刚进清华的人，和普通人没有太大的差别，那为什么进入了清华之后他们在人生的道路上就走在了前面？这很大程度上要归结为自强不息、追求卓越的精神。英国文学家塞·约翰逊说："有理性的人的生活，必须永远在进取中度过。"在 1986 年为清华大学经管学院毕业生践行的宴会上，要去美国留学的李山来到校友朱镕基面前，朱镕基叮嘱道："你学成一定要回来。"李山肯定地回答道："我一定会回来，国家需要人才。"李山向朱镕基请教自己学习什么专业，朱镕基说："什么都学，不仅要向美国人学习，还要向日本人学习。"朱镕基在李山的毕业赠言上写道："博采众长，学通中外。"这不是简单的八个字，而是激励李山秉承的清华精神，那就是通过不断追求卓越，取得进步，实现长远发展。所以说正向能量的畅销很大程度上是受清华优良的传统精神影响。

在清华，正向能量的"畅销"和"蝴蝶效应"有着千丝万缕的关系，可以说正是蝴蝶效应，才使得正向能量在清华如此畅销。而正向能量的畅销也和每一个清华学子"追求卓越"的精神内涵是分不开的，同样，它也能在全国甚至世界畅销，所以要想让清华正能量在地球这

个大家园里传播开来，人们就要效仿清华人，从自身做起，相信蝴蝶效应的力量和自强不息、不断进取的精神，因为总有一天，正能量最终能"畅销"在地球的每一个角落。

4

与人为善是智慧处世正能量

清华学子不仅能在科学领域取得卓越的成就，而且在社会生活中也游刃有余。这不是因为他们聪明，也不是因为他们拥有特异功能，其实这一切要归功于他们"与人为善"的处世哲学。

在原始森林里，猴子被所有动物公认为最聪明的动物，因为有一次森林里举行智力比赛，它轻轻松松就登上了冠军的宝座，于是它就认为自己最了不起了。有一天，猴子正在屋子外面的树下荡秋千，看见小兔子和它的伙伴们在树下玩一个从未玩过的游戏。兔子们尝试了一次又一次，最终还是不会玩，猴子看了一会儿后，朝兔子喊道："兔子兄弟，你恐怕是我们森林王国里最蠢最笨的动物了。可惜啊！如果要想让你变得聪明的话，就得长一条跟我一样长的尾巴。我看啊，你别叫兔子了，改叫短尾巴鬼得了！"兔子知道猴子是在取笑它，它却不急不忙，冷静地回答道："世界是公平的，你尾巴长，但是你的耳朵短，你看我和你就相反了，你是耳朵短，尾巴长。所以如果你叫我短尾巴鬼的话，那么你就是短耳朵鬼。"猴子很不服气，用攻击的语气说道："你看你的眼睛红红的，像是患了红眼病似的！"这下可气到兔子了，直接回应猴子。猴子更是得寸进尺，又说："兔子，就你这样，还跟我比，难道你不知道我是森林里最智慧的动物吗？我可是智力比赛的冠军，就你那个笨样，还想在我面前臭显摆。"兔子很认真地说："亲爱的猴子，我兔子从不显摆什么，也没什么可以显摆的，每个人都有着自己的长处和短处，你不要以己之长攻击别人的短处。

我虽然不聪明，但是我与人为善，真诚待人。是的，我承认你非常聪明，但是你总是自以为是，到处笑话别人，这样你能有什么朋友！"猴子听后羞愧地走了。这个寓言故事所要揭示的道理很简单，那就是，要想获得别人的尊重和友好，就必须要以诚待人、与人为善。

人的社会属性决定了与人相处是人的基本能力，一个人如果与他人难以和谐相处还谈什么成功呢？即使你能取得清华人一样令人瞩目的成就，但是永远不可能像清华"大师"们一样令人们瞻仰和崇敬。"人情世故"不是简单的四个字，这四个字中透露着伟大的哲学智慧，它不是简单的圆滑世故，不是假意的虚伪逢迎，不是随波逐流，而是要明白人生的价值和生活的意义，从而收获完美的人生，这就要求每个人都要具有与人为善的处世正能量。

英国作家、科学家培根说："和蔼可亲的态度是永远的介绍信。"人们经常认为做学问的大师们都是古板、孤僻的，但是清华的大师却不一样，他们都有火一样的热心肠，钱锺书就是这样的人。一位曾经照顾过钱锺书的护士说："钱锺书心肠好，跟人说话特别客气，也十分尊重人，在病痛折磨下他也会强忍着，不给别人添麻烦。"有一名护士家里需要钱盖房子，但是由于工资太低了，她根本拿不出来这么多钱，钱锺书得知此事后，立马叫夫人杨绛送钱给护士。家里人经常给钱锺书送水果，钱锺书就经常请辛苦的护士们一块吃，护士们很是感动。钱锺书这种和蔼可亲的态度不仅在医院赢得了护士们的崇敬，在社会上也赢得了相当好的口碑。每个人都是存在的独立体，都需要获得别人的关怀和友爱，但是人们会经常因为种种原因而不去先给予别人关怀和爱，这不是一个智慧人的处世哲学，因为爱是相互的。钱锺书因为真诚、热情待人而赢得了护士对他的感激和爱戴。在日常生活中，处世也是同样的道理，有了这种和蔼可亲的态度，善待他人，自然就会赢得他人的善待。

人与人的交往中，时间一长难免会因为一些小事产生摩擦和磕磕碰碰，当面对这种情况的时候，一个有智慧的人应该怎么样做呢？曾经有人这样说过："不要害怕说对不起！真诚而且勇敢的致歉，往往

更能赢得别人的尊重。"这才是智慧的处世哲学。

叶公超任清华西洋文学系主任时，吴晗、钱锺书、季羡林曾是他的学生。叶公超习惯迟到，但是从不早退。有一天，上课时间已经过了十五分钟，叶公超还没有到，于是学生们想调侃一下自己的老师，就玩起了捉迷藏，偷偷溜走了。当叶公超进入教室看到这样的情况后，非但没有怪自己的学生们，反而道歉道："我上课来得慢，耽误了你们的宝贵时间。"学生们听完后都自觉是自己的不对，不但没怪老师，反而更加崇敬他了。叶公超还是个绝对的自由主义者，从不勉强学生们上课，但是上课的学生每节课都占满了教室。

一个人，当生活中出现不和谐的局面的时候，没必要用谩骂或武力去解决，像叶公超大师一样用一句简单而又幽默的道歉话语，就能化干戈为玉帛，成就和谐的人际关系。敢于承认自己的错误，用一个微笑去解决一场战争，这才是一个高明人所必须具有的素养。

生活中，人们往往会不自觉地"以貌取人"，法国思想家、文学家卢梭说："根据外表判断是多么容易上当，而俗人往往最为重视这种根据外表去判断的方式了。"这就是俗人和大师的区别。在清华人的处世哲学中从来没有以貌取人，只看重你的才华和人格魅力。众所周知，儒家学派创始人孔子有很多弟子，其中一个叫子羽的弟子，长相实在是难看，孔子对他的态度也是不冷不热的，子羽受到如此冷落只好退学，回家自己钻研学问。子羽虽然相貌不是很理想，但是他爱学习、喜欢独立思考，经过发奋苦读，终于成为一名著名的学者，很多学子慕名到他门下求学，他的名声逐渐传播开来。这事被孔子得知后教育自己的弟子说："从子羽身上我明白，不能以外貌来衡量一个人，因为外表和才华、内心有很大的差别。"从孔子的教训来看，在与人交往中，不能只看人的表面，更应该注重与人为善的理念，从各方面去衡量一个人，综合评价。

与人为善是智慧处世的正能量，它体现出的是人与人之间的一种大爱情怀，对别人的关爱和对社会的关爱，而只有拥有大爱情怀才会有大胸怀，才能真正成为一代名家。曾任清华校长的叶企孙就有这样的大爱情怀，他关爱学生是出了名的，即便过去许多年，他的学生在回忆起叶企孙对他们的关爱时，依然十分感动。抗战时期，清华西迁至云南昆明，有一天，叶企孙在给学生上完气体动力论课后，叫学生去公园举行茶话会，讨论一下对气体动力的看法。学生们入座喝茶的时候，叶企孙已经出去半个小时了，回来的时候只见老师手中有两大把果糕。当时的昆明物价飞涨，老师们的日子也是过得紧巴巴的，有些学生由于家庭困难，经常营养不足，叶企孙就把学生强行叫到自己的办公室，逼着学生喝牛奶。不仅如此，叶企孙在学习中也十分关爱学生，作业和试卷的批改都非常认真，若发现特别的学生，就用本子记下来，对其进行个别指导，荣获诺贝尔文学奖的李政道就是其中之一。学生是国家的栋梁，叶企孙对学生的关爱就是对人才的关爱，更是对社会、对国家的关爱，叶企孙先生这种与人为善的处世正能量是一种何等的大爱情怀！

　　清华正能量不仅映射在清华人的学习和科研中，这种积极向上的能量也能在生活中、为人处世中发光发热。都说清华人是智慧的代名词，这个形容一点儿都不假，清华人和普通人有着一样的智商，却有着超人智慧，这种智慧在学术研究中，也在为人处世中被一一证实。清华人本着与人为善的处世哲学，使自己在社会生活中游刃有余，并能以其自身的这种正能量，感染身边的人。

5
正能量让梦想成真

从心理学的角度讲，梦想是人们内心深处一种强烈渴望的、难以抹去的感觉和意识，也是令人亢奋的心理激素，而正能量正是引领我们梦想成真，走向未来，走向成功的秘密武器。

正能量是"自强不息，厚德载物"的精神状态。一个人整天用唯唯诺诺、无所事事、不求上进、得过且过、无精打采的精神状态去生活，他的生活质量怎么提高，生活怎么能丰富多彩？他的人生价值又怎么体现得出来，他又怎么会拥有独特的人格魅力呢？所谓自强不息，就是勉学励志，不怕艰苦的战斗作风。不仅个人需要有这样的精神状态，整个国家、民族甚至全世界的人们都需要具备这种精神状态。

在美国第三十二届总统选举中，罗斯福以多数票顺利赢得大选，成为美国第三十二任总统。罗斯福出身名门望族，加上自身有非凡的才能，可以说在当时的政界混得风生水起。但不幸的是，罗斯福很小的时候就染上了脊髓灰质炎，下肢瘫痪，不过罗斯福凭借自强不息的毅力，和病魔斗争，坚持治疗，坚持锻炼，最终还是以残疾之躯登上了总统的宝座。在美国宪法中，总统的连任是不能超过两届的，但是这个下肢瘫痪、坐在轮椅上的总统却打破惯例成功连任四届。罗斯福在十六年的政治生涯中，推行新政，实施改革，帮助美国从严重的经济危机中摆脱出来，领导美国人民参加世界反法西斯战争并取得胜利，他的政绩为二战后美国发展成为一个超级霸主奠定了基础。由此可见，从罗斯福身上所反映出的正是这种"自强不息"的正能量状态。

要想"厚德载物",就要海纳百川、兼收并蓄,不断积蓄道德正能量,正所谓"厚德"才能"载物"。无论是在学习中、工作上还是科研上,也不管是一个怎样的人,每天保证一定量的进步,哪怕是一点点小小的进步,当量的积累到达极点的时候,就会引起质的变化,所以说"不积跬步无以至千里",无"厚德"是难以"载物"的。

清华梅贻琦校长是我国近代著名的教育家,一生廉洁奉公。在担任清华大学校长期间,他放弃了学校给校长的特殊待遇,住进学校的寓所,家里工人的工资、因公电话费都是自己付,甚至学校供应的最基本的设备他都放弃了,对于这些,他轻描淡写地说:"这是观念和制度的问题。"清华的科研基金是最丰厚的,但是梅校长从未动过一分一厘。他常告诫清华学子:"要有勇气去做一个平凡的人,不要追求轰轰烈烈,即使每顿只能吃上菠菜豆腐汤也要无怨无悔。"梅校长用自己的一生诠释了"厚德载物"的正能量,他的这种人生观也影响着后来的清华人。

正能量是一种勤奋、求实、创新的理性光芒,能照亮每个人的成功之路。勤奋是成功的硬道理,成功没有侥幸可言,更没有"聪明"可言,成功是常人意想不到的艰苦学习和劳动,只有勤奋耕耘,人生梦想的沃土上,才会花叶繁茂,结出梦想之果。

德国音乐大师贝多芬说:"划分天才和勤勉之别的界线迄今尚未确定,以后也没办法确定。"众所周知,清华人华罗庚是数学天才,而他"天才"的显露正是通过辛勤耕耘和磨练而成的。他刚踏入中学大门的时候,就有过一次数学考试不及格的经历。人们不相信这个"天才"会有这样的历史,好多人都有这样的疑问:是不是他曾得罪过老师,所以老师不给他及格?他却说:"这是因为我初中时特别贪玩,经常逃课看戏,考试不认真,写字潦草,这与老师无关。"由此可见,"天才"背后所付出的努力恐怕只有很少人知道,因为人们都喜欢看耀眼的光芒。有了这次不及格的教训,以后的华罗庚不再贪玩,学习刻苦勤奋,终于成就了他数学天才的地位。

每个人都有梦想,只有在求实创新的正能量驱使下,才能让梦想成真。苏格拉底说："世界上最快乐的事，莫过于为梦想而奋斗。"毕业于清华电子工程系的中国著名流行男歌手李健就用他"求实、创新"的正向能量向人们展示出了梦想成真的过程。在哈尔滨出生的李健具有北方人实事求是的硬性格，在音乐道路上，他不像其他流行歌手一样，搞那些华而不实的花腔、高音，而是始终坚持自我，实事求是，不断创作属于自己内心最真的声音。久而久之，李健的音乐形成了他特有的风格，带给人与众不同的艺术享受，深得大家喜爱。他的歌曲空灵而悠远，正是求实创新的精神帮助李健在他的音乐梦想之路上越走越远。

正能量如同源源不断的风力，给风力发电机无穷无尽的动力，推动着梦想的涡轮快速地转动。为了梦想能成真，每个人都需要正能量，持之以恒，不断挑战自我，开拓创新，拒绝诱惑，强化自身的人格魅力，"自强不息，厚德载物"。时代在变，历史使命感和责任感也在变，只有怀揣梦想，努力奋斗，执著追求，才能让正能量成就一个伟大的梦。

第二章

【求知正能量】

清华人用学识编织美好未来

提到学习，人们往往会想到辛苦、枯燥乏味等消极字眼。可当你了解了清华的学子们是在怎样的氛围中学习时，你就会改变之前的看法了。学习的过程，是一个人从弱小渐渐成长的过程，其中必然会有痛苦艰辛，但是这些都是短暂的。如果你保持乐观、健康、向上的心态，内心充满正能量，那么，枯燥的学习过程便会变得有趣，在知识里你会发现美好的东西。只有通过努力学习，才能达到自我优化的目的；只有通过积极的思考，你才能够获得智慧；为了生存下去，我们就要接受来自四面八方的竞争，只有通过提高自身的学习能力，才能够在竞争中取得胜利。清华正是通过这些教育理念，帮助学子们营造创新求知的学习氛围。本章内容，就是帮你全面剖析清华怎样营造创新求知的学习氛围，从而让清华的每个学子的身体里充满正能量。

1

教授的忠告：学习是一种自我优化的过程

　　曾任清华大学外语系副教授的李赋宁经常教育自己的学生，要想让自己变得更优秀，就要不断地学习。李赋宁也是这样要求自己的。年近古稀的他，仍然长时间伏案工作、读书，有时甚至忘记了吃饭、休息。他的课堂上，经常挤满了旁听生，这是因为，他对待每一堂课都极其认真，总能从枯燥而乏味的知识中挖掘出无穷的趣味，谈笑风生之间将知识的清泉缓缓注入每一个学生的大脑中。

　　每个人身上都有很多缺点，而每个人又有追求完美的愿望。面对自身所存在的诸多缺点时，如何将其克服，达到自我优化的目的呢？正如李赋宁所言，只有通过学习，才能让自己变得更优秀。学习可以让自己的知识更丰富、心态更平和、内心更强大，面对困难，不再畏首畏尾，而有更强的解决问题的能力。毛泽东说："自信人生二百年，会当击水三千尺。"如此强大的内心和远大的抱负，如果没有通过学习来达到自我的优化，是绝对做不到的。

　　大师李敖经常向外界声言："中国五百年来白话文前三名是李敖，李敖，李敖。"不知情者或不服气者听到这句话必然嗤之以鼻，然而，这句话，应该有另一层含义。李敖从来不喜欢将自己和别人比较，称自己没有佩服的人，并戏言当他想要佩服一个人的时候就去照镜子。这样风趣而幽默的话让人听了之后，除了大笑一番，还应该了解到一点，那就是，李敖总是试图不断超越自己，而不是整天想着超越别人。我们在看到他玩世不恭的样子时，更应该感受到大师广博的知识储备和厚重的人生涉猎。除了文字里的李敖，我们从《李敖有话说》《李敖妙语天下》等电视节目里同样能够感受到大师知识的渊博。李敖首次回到大陆，在北大、清华、复旦三所大学分别进行了演讲，他在演讲过程中从来不带讲稿，却能准确地引经据典，旁征博引，风趣的讲话更是迎来阵阵掌声。李敖一生共创作了一百多本著作，可谓是名副其实的著作等身。这所有的成就，无不是大师对知识的执著追求。用知识不断地优化自己的结果。年近八旬的李敖，骄傲地称自己每天读书写作的时间仍然不少于十几个小时。这样的学习精神，对我们来说，难道不应该继承和学习吗？

伟人并非天生圣贤，而是需要漫长的学习和自省，并在此过程中不断地充实自己，超越自己。牛顿被誉为"人类历史上最伟大的科学家"，他发明了牛顿三大定律，万有引力定律，这些成就足以立足于世界伟人之列。然而他并不满足于这些，还涉足数学、天文学等领域，而且都取得了辉煌的成就。这难道不是自我优化的结果吗？季羡林是国际著名的东方学大师、语言学家、国学家、文学家、史学家、教育家、佛学家和社会活动家，并通晓英、德、梵、巴利文，能够阅读俄、法文，尤其精通吐火罗文，是世界上仅有的几位精于此种语言的学者之一。这一系列的成就难道不是季羡林自我优化的成就吗？天外有天，人外有人，我们在奋斗的过程中，不要总是拿自己和别人来比较，这样会渐渐丧失信心，失去奋斗的动力。因为你在和别人比较的时候，总是发现有人比你强，而当你拿自己的今天与过去比较的时候，你会发现你在一天天地提升。优化自己正是不断超越自己的过程。

曾国藩被誉为"晚清中兴四大名臣之一"，毛泽东对其推崇之至，称"予于近人，独服曾文正"。梁启超更是声称"吾谓曾文正集，不可不日三复也"。连后来的伟人都如此推崇他，曾国藩自然有其过人之处。当你细读《曾国藩家书》后，你会发现，曾国藩为人处世都以严谨著称，更是秉承先祖曾参的"吾日三省吾身"的良好习惯。说到底，三省吾身的过程就是自我优化的过程。通过不断地自我审查，发现自己的缺点和不足，进行自我完善式的教育。大多数人之所以平凡，是因为不仅没有三省吾身，恐怕连每日一省吾身都做不到。长期下去，糟糕的积习越积越多，而每一个缺点都是我们通往成功道路上的一个障碍。尽早地清除障碍，通过不断地学习来提升自己，只有这样，前方的道路才会越走越宽广。

清华大学历史系讲师王永兴曾经在课堂上发问："在自然界，谁的力气最大？"学生们众说纷纭，有的认为当然是大象，因为大象可以将大树连根拔起；有的认为是鲸鱼，因为鲸鱼可以将一艘大船轻易顶翻。老师微微摇头，说出了让所有同学不可思议的答案，那就是蚂蚁。面对同学们的质疑，老师解释说，蚂蚁可以举起自己体重十三倍的物体，自然界有谁能够做到这样？同学们沉默了，老师说："正如我们人类，我们的潜能是无限的，科学研究，人类大脑只被开发了不到百分之十，所以，即使身为清华学子，也不要洋洋自得。不论你将来身处什么位置，从事什么职业，都不应该忘记学习，否则，必然会被时代的洪流所淹没。我们要学习蚂蚁的精神，不断超越自我，才能获得更大的成功。"

尼采说："要真正爱自己，首先必须要依靠自己的力量，埋头于某件事中，必须靠自己的双脚，朝着高处的目标迈进。那样会伴随着痛苦，但那也是心灵肌肉的成长之痛。"如果你深爱着自己，就不会忍受自己内心空无一物而身上又有着很多缺点，这样的人生必定是不完美的。想要改变自己、优化自己，就必须依靠自己、相信自己。即使四面楚歌、阻碍连连又有何妨呢？即使身体残疾、人生苦短又能怎么样呢？努力学习，优化自己，让自己的每一天都过得精彩才是我们的目的。

海伦·凯勒是美国著名的作家及教育家，她一生经历坎坷，出生不到两个月便因为一场疾病导致失聪失明，时间久了，又变得不会说话了。七岁那年，亲爱的苏利文教师走进了她的生活。在苏利文老师的辛苦教育下，对生活不抱希望的海伦·凯勒渐渐恢复了积极乐观的态度，努力学习，通过触摸点字卡、别人的嘴唇和喉结渐渐学会了读书和说话。苏利文老师不仅教她读书写字，还带她走进大自然，去触摸每一样可以触摸到的物体，海伦·凯勒在感受大自然的美好的同时也学到了许多知识。最终，她不仅完成了大学学业，还促进了许多慈善事业的发展，帮助其他的聋哑孩子学习读书和说话，并且还完成了《假如给我三天光明》等多部作品。

海伦·凯勒的一生是传奇的，她不仅克服了自身的缺陷，同时取得了那么多的成就。其实，每个人都可以像海伦·凯勒一样缔造奇迹。学习改变了她的一生，学习同样可以改变我们每个人。在学习的过程中，我们可能会感受到痛苦，但是那是割掉自己身上缺点的手术，这种痛苦是充满希望的，是一种优化自我时的成长之痛。痛苦过后，你的未来将会是一片光明。

清华之所以历百年而常新，正是因为学校和老师们不断向学生传达着一种理念：天行健，君子以自强不息；地势坤，君子以厚德载物。而这种理念，最初是梁启超先生在清华任教时引用《易经》中的话来激励清华学子们的。作为个人，如何才能自强不息，如何能够厚德载物呢？只有通过不断学习来进行自我优化，只有优化了自己，才能包容自己之外的一切。

正是这样良好的学习氛围和老师向学生们所传达的正确的学习理念，清华的学子们才能渐渐养成好的学习习惯。清华的学子们将时间奉为比生命还重要的东西，把学习当作生命中最重要的事情。但他们并不是所谓的"书呆子"，他们的学习习惯严谨中不乏轻松灵活，在学习中寻找快乐，在快乐中优化自我。所有清华毕业的学子们，多少年过去后，自己身份中最骄傲的仍然是"清华学子"四字。"清华"二字早已不再是单纯的高等学府的名词，它代表了一种精神，一种信仰，一辈子最难以忘怀的记忆。无缘清华的学生们，总会不远万里走入清华校园，感受那浓浓的文化氛围和优良的传统。我们虽然不是清华的学子，但我们依然可以用清华的传统来要求自己，将学习当作一种习惯，让自己在学习中慢慢优化，成为国家有用的人才。

2

校长训言：智慧源于最积极的思考

曾任清华大学校长的张孝文这样讲道："怎样才能够获得智慧呢？唯一的途径就是积极的思考。"校长举了两个例子作了说明。

其一。英国著名的科学家亨特一次去公园散步，当他看到峭立的鹿角时，便想去摸一下，等到他摸过后，发现鹿角竟然是热的。学识渊博的亨特面对自己从不知道的现象，产生了极大的求知欲望。通过仔细观察，他发现鹿角上布满了血管。这时，亨特心里产生了一个想法，如果将鹿角的侧外颈动脉系住会出现什么现象呢？带着疑问，他立刻行动，将一只鹿角的侧外颈动脉系住。没过多久，鹿角冷却下来，并且在一段时间内停止了生长。过了几天，亨特又来观察那只鹿，发现鹿角又变得温暖起来。亨特观察到，系带依然牢牢地绑在鹿角上，而附近的血管扩张了很多，血管之所以扩张，是要向鹿角输送充足的血液。通过这个实验，亨特发现了侧支循环及其扩张的可能性。在这个发现的基础上，产生了外科学上的亨特式手术法。

其二。瑞利是英国著名的物理学家。一天，家里来了客人，母亲端茶出来，由于茶碟光滑，茶碗在茶碟上滑了一下，将茶水洒在了茶碟上。虽然是一件小事，但是瑞利并没有放过。事后，他反复试验，发现没有茶水的茶碟上面放茶碗很容易打滑，如果洒一点茶水上去，茶碗反而不会打滑。这件事引起了瑞利极大的好奇心。于是他反复试验，积极思考，最终得出这样的结论：茶碗和茶碟上因为残留一些油腻而减少了摩擦，所以两者之间会打滑；当茶水将油腻溶解后，增大了它们之间的摩擦力，茶碗就不会打滑了。后来，他又开始研究油在固体摩擦中的作用，最后提出了润滑油减少摩擦力的理论。后来，润滑油被广泛应用，方便了人们的生活，瑞利也因此获得了诺贝尔奖。

"每一项伟大的发明，都源于细微的观察和积极的思考。""伟大的智慧并不是天生的，人人都可以获得。只要你善于思考，就能够获得智慧。"清华的学子们正是这样做的，清华的先辈们也正是秉承着这样的传统，成就了自己，同样也成就了清华。清华大学建校一百年来，在国家表彰的 23 位"两弹一星"勋章获得者中，有 14 位是清华校友，460 位清华校友当选了中国科学院院士和中国工程院院士。这些成就，无一不是通过思考取得的。清华学子们懂得思考的重要性，人们也同样要明白思考的重大意义。

爱因斯坦曾说："学习知识要善于思考，思考，再思考，我就是靠这个方法成为科学家的。"是啊，不懂得思考的人即使再聪明都不会成功。只有积极地思考，方能发现事物的本质，在思维中获得乐趣，在乐趣中获得智慧。只有初中学历的华罗庚，正是靠着努力和积极地思考，才掌握了丰富的知识，在数学方面取得了卓越的成就。即使到了晚年，华罗庚仍然努力工作学习，夜间睡觉前，躺在床上也会思考着种种问题。他讲道："独立思考能力，对于从事科学研究或其他任何工作，都是十分必要的。在历史上，任何科学的重大发明创造，都是由于发明者充分发挥了这种独创精神。"伟大的物理学家牛顿，由于被一颗树上掉落的苹果砸中，从而发现了万有引力定律。看似毫无瓜葛的两个事物，却在牛顿的积极思考中联系了起来。有人也许会说："如果那颗苹果砸中了我，没准发现万有引力定律的就是我了，牛顿靠的绝大多数是运气。"这种质疑只能令人发笑，普通人被苹果砸中后，第一反应一定是抬头大骂一番，然后捡起掉落的苹果吃掉，而牛顿却时刻在思考着问题。思考能够给你带来运气，也可以给你带来成功。思想所及之处，就可以发现万物奇妙之处。当你在积极思考的时候，智慧便会流动在你的大脑里。清华人在思考中成长，伟人在思考中诞生。作为平凡人的我们，更应该学会思考，积极思考，在思考中获益,在思考中得到智慧。

苏霍姆林斯基认为"要教给孩子思考"。他说:"智慧源于思考,而思考始于观察。"不论是家庭教育还是学校教育,让孩子学会思考是最关键的。如果老师采用灌输性的教学法,只是教给学生正确的答案和锻炼学生背诵的能力,那么,这样的教育必然是失败的。正如笛卡尔的那句名言"我思故我在",我们自己之所以能够有别于其他人,正是因为有独特的思维。如果所有人的思想都是一样的,那么恐怕这个世界就濒临末日了。学校的教育关键在于引导学生怎样去思考,带领学生正确思考。思考的过程就是自我学习的过程。如果学校教育让学生们懂得如何去思考,那么,教育就已经成功了一大半了。在这一点上,清华俨然是所有学府的榜样。正如校长所讲,智慧源于最积极的思考。每一位辛勤耕耘在清华学园的老师们,都在用自己的行动,引导清华的学子们独立思考。他们摒弃了腐朽的传统观念,鼓励学生在课堂上大胆提出自己的见解。俗话说,真理面前人人平等。在伟大的智慧面前,每个人都应该谦卑恭敬。清华学子们如此,清华的老师们更是如此。

在过去,由于知识的匮乏,人们对许多事物的认识都是错误的。其中就有蜾蠃将螟蛉变成自己的儿子这样荒唐并且违背自然规律的传说,而这样一个荒唐的传说,竟然人人都相信。陶弘景对此却表示怀疑,为了一探究竟,他在一个菜园子里找到一窝蜾蠃,并蹲在旁边整天观察。经过许多天的认真观察,陶弘景发现蜾蠃的幼子是正常的雌雄体在交配后产下的,而被衔来的螟蛉只是被当作了幼虫的食物。所谓"螟蛉义子"的说法根本不存在,人云亦云只会让自己变得无知。

积极的思考是一种人生态度,是在面对困难的时候乐观向上的心态。如果你积极地面对生活,生活也将积极地面对你。而伟大的智慧,正潜藏在生活当中。面对生活,永远保持积极向上的态度的人,一定是一个有着大智慧大胸襟的人,这样的人怎能不成功呢?有这样一个例子正是说明了这个道理。

艾科卡是美国早期汽车界的大亨,然而,生活总会和人们开一些小小的玩笑。早年间，艾科卡就职于福特汽车公司，在福特汽车公司里，他充分发挥了自己的商业才能，为福特汽车公司的发展立下了汗马功劳。然而，由于功高盖主，福特汽车公司的老板辞退了他。面对人生的困境和人们的议论，艾科卡并没有因此而放弃自己的事业，而是接手了濒临破产的克莱斯勒汽车公司。等到他全面了解了公司的情况后，发现公司的境况比自己想象的还要惨。面对这样的现状，艾科卡甚至做好了停产的准备。但是，就在此时他想起了父亲曾经说过的一句话："相信实际情况要比想象的要好得多。"于是他决定重整旗鼓，开始了他人生的第二春。凭借多年的管理经验，艾科卡从多方面调整战略，对公司进行了整改。通过他积极的努力，公司终于起死回生，并最终取得了成功。

艾科卡的人生转变，正是由于面对困难，总能保持积极的人生态度，在困难面前，积极地思考。这种人生态度，是成就一个成功人士的关键因素，而这种态度，我们每一个人都应该去培养和维持它，只有这样，成功才会向你走来，美好才会被你拥有。

讲了这么多关于积极思考的例子，也许还应该补充一点，就是思考与积极思考的区别。比方说，当你饿了的时候，你会想到吃饭，这个过程就是思考，然而由于过于简单，形成了条件反射，这样的思考只能解决基本的问题，还不能够达到获得智慧的境界。所以，"积极"二字就显得必要而紧迫了。当你学会积极的思考后，你会从表象中看到内在的真理。比方说从一片正在飘落的叶子，你会发现气体在叶子周围的流动，进而知道风向、风速等一系列知识。这就是积极思考的重大意义。

生命不息，思考不止。思考伴随我们一生，它可以带给我们无限的惊喜和乐趣。正如科学家们一样，他们在不断的探索和思考中，建立起了严谨的科学大厦，并为我们揭开了无数的谜团。我们每个人也要去积极地思考，任何事物都可以带来思考，只要坚持下去，思考会带我们到未知的领域，获得别人没有的智慧，体会别人没有的惊喜。

3

学习能力是当今时代的第一竞争力

　　一个人从生到死的过程，就是不断学习的过程。对于学生而言，学习二字显得尤为重要和突出。有些人在学习中特别努力，却考不出理想的成绩，这就是学习能力的问题。在生活节奏不断加快的现代社会里，如何才能在最短的时间里获得最多的知识，这也就体现了个人学习能力的高低。学习能力越强的人，在社会中的竞争力也越大，而这一能力，正是清华特别注重和培养的。每一个有能力考上清华的学子，必然在学习方面有过人之处，然而，这也只能体现他在书本知识方面有很强的学习能力。清华所培养的不仅仅是一个只会读书的人，它要求每一个学生都可以在书本之外寻求更多的知识，充分发挥自己的学习能力，用知识将自己武装起来。只有这样，当他们在走出校园时，才不会感觉陌生和手足无措。

　　学生走出校园后，绝大多数的人会进入另一个场合——职场。面对职场中的竞争，学习能力同样起着非常关键的作用。例如，纽约的一家公司因为经营不善，被法国一家公司兼并了，面对这样的情况，美国公司的所有员工都变得前途未卜。在签订兼并合同当天，公司新任总裁向所有的员工声言："你们的去留都掌握在你们自己的手中，公司不会随意裁员，但是，你们来到新公司，就要适应这里的环境，能够用法语和这里的员工交流。我给你们一个星期的准备时间。一个星期过后，如果谁能通过法语考试，就留下继续工作，没能通过考试的员工，我们不得不请你离开。"听了新任总裁的要求后，几乎所有的员工都跑到图书馆准备法语考试，只有一个员工若无其事地回家了。考试结束后，出乎所有人的预料，这个员工竟然得到了最高分。

后来人们才了解到，这个员工刚毕业来到这家公司后，发现自己身上有很多的不足之处，懂得的东西远远不够。于是，他努力学习，一有时间就去请教同行一些问题。工作之余，别人都在休息或者放松，而他寻找各种途径，了解公司的所有业务和工作流程。当他发现公司的很多客户都是来自法国的时候，他便开始努力学习法语，提高自己的法语水平。在与法国客户互通邮件或者签订合同文本时，其他的员工都得到处找法语翻译帮忙，而他已经能够独自处理这些问题了。这位普通的员工，正是通过自己的努力学习，增强了自己在职场中的竞争力，改变了自己的工作状态。可见，学习已经不再只是学生的任务，每个人，不论什么职业，学习都应该陪伴终生。

联想集团的创始人柳传志曾经谈到企业成功的必要条件，其中一条就讲到了企业家的学习能力。他说："学习能力就是我们做的事情环境不停在变，我们要不停调整自己的战略，在这种情况下，学习能力是要很强的。"柳传志告诉我们，学习能力就是适应环境的能力，面对信息爆炸的社会，我们同样也要拥有很多的知识。柳传志说，学习能力不光要应用到书本中，更多的是要在实践中发挥自己的学习能力。他同时还说，联想公司在发展的过程中也曾遇到过很多的阻碍，但是联想企业始终保持着一个习惯，就是在面对每一次失败时，都会回过头来仔细研究，既要分析自己失败的原因，也要分析对手是在什么样的环境下取得的胜利。面对成功，也不会骄傲，因为当下一次环境改变之后，胜败就很难预料了。

例如，在1994、1995年的时候，外企在国内主导市场，当时联想产品只占国内市场百分之二点几的份额。后来，联想企业向电视机同行学习经验，发展了一种叫产品技术的模式，就是把成熟的技术用在市场需求的产品上解决问题。到了2001年，联想已经占据了中国同类产品市场30%的份额。柳传志告诉人们，一个企业家的学习能力是特别重要的，关系到企业未来的发展，企业家要不断地从实践中学习，向同行学习，失败了分析原因，成功了总结经验，埋怨环境是没有任何意义的。

联想的成功，正是柳传志善于自我分析，努力提高学习能力的结果。因此，学习的过程，就是适应环境的过程。对于企业，学习能力就是适应环境的能力。对于个人，除了要有适应环境的能力之外，同时还要学习更多的知识，让自己的思维更敏锐，理解事物的能力更强。只有这样，才不至于与社会脱节。

人类之所以能够生存到今天，并且创造了高等的文明，学习是最关键的。向同伴学习，向自然界学习。只有不断地学习，努力提高自己的学习能力，才能在残酷的竞争中生存下去。各种生物，为了生存，也在不断地学习，提高自己适应环境的能力，在物种与同类之间的竞争中，占得一席之位。比方说，长颈鹿的始祖并不像长颈鹿一样脖子很长，但它们为了适应环境，为了吃到更高地方的植物，脖子便不断地伸长，这样就不需要和其他食草类动物抢食，自己可以独自享受高处的叶子了。同样，候鸟迁徙也是在适应环境，向环境学习。可见，学习能力的重大意义，不仅体现在人类的身上，几乎所有的生物都具备着一定的学习能力，而这种学习能力，往往就是决定它们生死存亡的关键因素。

我国著名的数学家华罗庚在读书方面有自己独到的方法，他每每去翻阅一本书，看过书名后并不急着去翻阅书里的内容，而是闭目凝思，猜想书里的内容。思考过后，再翻看书里的内容，如果发现书里所讲的内容和自己猜想的一样，便放在一旁，不再去读。这样的读书方法，可以有效地节省很多时间，避免了然于胸的内容重复阅读，同时，也锻炼了自己的思维。华罗庚的成功与他这些在学习时候使用的小技巧是分不开的。一件小事情、小习惯就能决定未来是什么样子。人的一生是有限的，而我们用来学习的时间更加有限。每个想要成功的人都在争分夺秒地努力，在时间有限的情况下，互相之间拼的就是效率了。只有更高的效率才能有更大的竞争力。学习能力有时候正是学习效率的体现。

　　清华的学生有一个最重要的共同点，就是都有着良好的学习习惯和自己独到的学习方法。好的学习习惯和学习方法不仅可以帮我们学到更多的知识，同时也能帮我们节省很多的时间用来做其他的事情。在当今社会，时间比金钱还要珍贵。要想生存下去，必须要提高自己的竞争力，要想提高自己的竞争力，就需要学习更多的知识，掌握更多的技能。所以，光去埋头苦学已经解决不了问题，我们必须掌握一种好的学习方法，形成良好的学习习惯，这样才能提高自己的学习能力，增强自己在社会当中的竞争力。清华大学教授姜彦福告诫清华的学子们："不要以为今天你处在比别人更好的环境中，你的将来就会比别人更强。不论我们身处什么环境，都不要忘记学习。只有通过学习，才能让自己时刻都保持最新、最有活力的一面。"

　　在现实中，人们很容易随着环境而堕落。安于现状，不思进取已成了一种普遍现象。刚从大学里走出来的学生就面临着这样的问题。对于这种现状，胡适在《赠与今年的大学毕业生》这篇文章中谈到，大学毕业生导致堕落的方式有两大类：一是容易抛弃学生时代求知识的欲望；二是容易抛弃学生时代的理想的追求。胡适分析说，大学生到了社会里，会感觉到学无所用，有时即便不需要所学的知识，一样可以混口饭吃，在这种环境里即使向来抱有求知识学问的人，也不免心灰意懒，求知的欲望就会渐渐冷淡下去。那些怀抱远大理想的学生，遇到冷酷的社会，便会感觉到理想与现实相去甚远，容易产生悲观失望的情绪。渺小的个人在庞大的社会面前一点点融化，远大的理想一点点幻灭，最后甘愿成为时代大趋势下一个混饭吃的普通人。有什么办法可以解决上述可能发生的情况呢？胡适讲到了两点防御的方法：一是要保持我们求知识的欲望；二是要保持我们对人生的追求。所谓求知的欲望就是要时刻吸取新的知识，对人生的追求就是要有明确的目标和积极的生活态度。解决这两点最好的方法就是提高自己的学习能力。当你有比别人更强的学习能力时，你就可以更快地接受新的知识，适应新的环境，而不至于被时代所淘汰。学习能力提高了，你的竞争力自然就提升了。一个拥有理想，充满信心，有很强的竞争力的人还会甘于平庸吗？当然不会。

　　清华师生们总是在共同努力，营造健康的学习氛围，探寻更好的提高学习能力的方法。因为，他们早已把"学习能力是当今时代的第一竞争力"这句话铭记于心。清华的学子们学的不仅是知识，还有将知识运用到实践中的能力。这样的学子，何畏生活中的大风大浪？未知的明天，一样会变得光明而灿烂。

4
清华学子怎样让学习成为自己的终生信仰

提到信仰，很多人第一反应会想到宗教或对某种主义的推崇。然而，信仰有着更广的含义，它代表了对某种事物的信任，一种从心灵上产生的情愫。个人的信仰，可以让你有一种依靠，一种支撑自己的力量。如今，"学习是一种信仰"这句话渐渐成为了流行语，然而，流行语背后只有大量的跟风主义者，风过而无痕罢了。不过，也会有一些人去实践这个口号，而且期限是一生。因为他们从学习的过程中获得了快乐和满足，同时，学习也让他们的明天充满了希望。其中就有很多清华的学子们。

我国现代著名作家钱锺书，毕业于清华大学，后来又回到清华大学任教。钱锺书当年以英文满分，国文高分，数学 15 分的成绩被清华大学破格录取。在校期间，由于才华出众，学识渊博，更是被叶公超、吴宓等人赏识。钱锺书原名仰先，后来更名，恐怕也是因为他钟爱读书的原因吧。2001 年，钱锺书逝世三周年之际，钱锺书的夫人杨绛依照钱锺书生前愿望，将当年上半年两人的稿酬合计 72 万元及以后他们作品出版的权利捐赠给了清华大学教育基金会，并设立"好读书"奖学金，以鼓励清华学子们好好学习，勤奋读书。可见，清华建校百余年，好读书早已成为学校的风气，而学习也成为了他们的信仰。

清华大学教授吴冠中告诫学生："不要停止学习，要把它当作一种信仰。"那么，清华的学子们是怎样让学习成为自己信仰的呢？其一，他们明白，今天的学习和明天的成败有着千丝万缕的联系，每一个清华学子的心中都怀揣着一个理想，不论大小，都需要人们付出足够的努力才能够实现，而当下最重要的事情，莫过于学习了。只有努力学习，才能实现理想，这也成为了他们努力学习的动力。所以，清华的学子们能够认清前方的方向，找准自己的目标，使得学习成为他们终生的信仰。其二，课本的学习总是枯燥而乏味的，久而久之，人们就会对学习产生厌恶的情绪，一旦你的心里产生了抵触情绪，自然就无法学到更多的知识了。面对这样的现象，清华的学子们总能找到解决的办法。他们从枯燥的知识中寻找乐趣，清华的老师们针对学生这样的心理，也做了大量的努力。一节课的内容，为了让其更生动，学生更容易接受，老师们想尽办法，活跃课堂氛围，改变授课方式，让所有的同学都参与进来。其三，学校为了鼓励清华的学子们努力学习，设立了各种奖励制度近百种，包括综合奖学金、学业优秀奖学金，还有科技活动，学科竞赛等一系列单项奖学金，同时，学校也设立了助学贷款、勤工助学、困难补助等一系列补助制度。2011年，学校还特别设立了"博士研究生新生奖学金"。这一系列制度的设立，都是在鼓励清华的学子们努力学习，将学习当成一种信仰。

在世界范围内，犹太民族是被人们公认的聪明而优秀的种族，犹太人的成功也成为了人们学习的榜样。贺雄飞在《学习是一种信仰》这本书中，深刻阐释了犹太人成功的秘诀：把学习当作一种信仰。也许你不会相信，历史上的伟人，像马克思、达尔文、爱因斯坦、弗洛伊德、肖邦、卡夫卡、卓别林等都是犹太人。其中有哲学家、生物学家、物理学家、音乐家、文学家、喜剧演员等，犹太人的成就几乎涉及了所有的领域，而且都是各行各业的佼佼者。甚至有数据统计，自诺贝尔奖设立以来，有近32%的得奖者是犹太人，而犹太人的人口数量大约只有1600万人。这些事实，说明犹太人有着独到的学习方法和成功的秘诀。贺雄飞告诉人们，犹太人之所以有这么多人获得成功，原因只有两个字：教育。

贺雄飞向我们举了一个简单的事例，犹太小孩子第一次去上课，都要穿上最好的衣服，由老师带入教室。教师里的每一个学生，都会得到一块干净的石板，石板上用蜂蜜写上希伯来字母和《圣经》中的文句，每个小孩儿都要一边诵读一边舔掉石板上的蜂蜜。随后，老师还会分发给每一个孩子蛋糕和各种水果。这样做的目的，是告诉孩子们"知识是甜蜜的"。通过这样"直接"的感受，来激发孩子们对知识的热爱。事实也正是如此，犹太人将书看作自己生命的一部分，有数据显示，犹太人的平均阅读量居全球首位，每一个犹太人平均每年的阅读量都超过一百本。贺雄飞说，犹太人不仅看重学习，更看重在学习中创新，他们认为"没有创新的学习只是一种模仿"，而且犹太人"不做背着很多书本的驴子"。可见，犹太人不仅将学习当作一种信仰，他们看重的还是一个人思考的能力、创新的能力和将知识与现实融合到一起的能力。正是这样的教育，塑造了犹太人顽强的性格和善于学习、勇于创新的品质。

每一个伟大的人物在成为伟人之前，都要经过一段艰苦学习的过程，在这个过程中，他们可能会失去一些其他的东西，但是他们会因为自己所学到的知识而得到更多。英国杰出的化学家、物理学家道尔顿，从小家境贫寒，生活条件极差，但是这些外在的苦难，并没有让他甘于平庸。十五岁那年，道尔顿独自离开家乡，自谋生路，并在一个学校里谋得了校长助理的工作。工作期间，道尔顿努力读书，刻苦学习，写下了"午夜方眠，黎明即起"的座右铭来激励自己。这种对知识的执著追求和对学习的无比热忱，让道尔顿的科学知识越来越丰富。二十八岁那年，道尔顿发现了气体分压定律，创立了倍比定律和"道尔顿原子学说"，并提出了原子量表。由于道尔顿在化学上作出了巨大的贡献，因此被恩格斯高度赞扬为"近代化学之父"。道尔顿的故事告诉我们，把学习当作终生的信仰不仅是一种对待学习的态度，更是决定你未来人生的关键。

回头来看中国的应试教育，恰好缺乏这种对学习的热情，对知识的渴望。作为中国的高等学府，清华的教育理念一直走在最前沿。每一个学校，每一个学生都应该学习犹太人的治学态度，更应该学习清华学子们对知识的渴望，将学习当作一种信仰。知识和真理都是最纯粹的东西，不含有任何功利的成分。我们在学习知识、学习真理的时候，更不应该带着功利的想法。这样的治学态度，只会让自己学的东西越来越少，今后的路也越来越窄。知识和真理是比金钱更重要的东西，学习知识并不是为了赚钱，但我们可以从学到的东西上掌握一种赚钱的本领。人生在世，除了赚钱养家，还应该有更高的追求。学习丰富的知识，不仅可以让自己变得博闻广识，而且通过知识，我们的心灵会被慢慢净化，真正达到修身养性的目的。

信仰是一种美好的情感，清华的学子们将学习当作自己终生的信仰，既体现了清华人"自强不息，厚德载物"的精神，也体现了清华人崇尚知识，热爱学习的品质。信息化的社会里，人们都开始追求高品质的生活。在社会的方方面面，知识都发挥着重要的作用。没有知识，几乎寸步难行。改革开放到今天，国家也越来越重视人才的培养。"尊重知识，尊重人才"，国家和社会正在一步步向人们证明，只有知识，才能够改变未来，只有知识，才可以创造奇迹。

培根说："除了知识和学问之外，世上没有其他任何力量能在人们的精神和心灵中，在人的思想、想象、见解和信仰中建立起统治和权威。"学习知识，就是在探寻未知，知识可以开发你的思想，让你的思想如大海一样宽阔而深邃，让你的想象如白云一样，在风的吹动下，给你意想不到的惊喜。清华学子把学习当作终生的信仰，换句话说，就是将知识和真理当作自己终生的信仰。这样的状态应该是享受的，正如犹太人的孩子们刚入学堂时舔舐如蜂蜜一样甜的知识。当你把学习知识的过程当作一种享受，你就会发现，知识不光像蜂蜜一样甜，它还应该是多面的，有时会是一个严肃的老者，板起面孔纠正你的错误；有时会像一个调皮的小孩儿，围在你的身边向你提出很多问题，让你思考；更多的时候，他是你最忠实的朋友，你可以将你最真实的想法通过他来表达。

知识在每个人面前都是平等的，学习知识对于每个人来说都是必要的。只有把学习当作一种信仰，享受学习知识的过程，你才能成长得更快。清华百年的传统学风，早已渗透到每一个清华学子的骨子里。

他们对学习的渴望是发自内心的，在每个清华学子的内心里，早已把学习当作自己终生的信仰。相信这面信仰的旗帜，也将会永远飘扬在清华的上空。

5

如何最大限度地利用潜意识挖掘自身的潜能

每个人都拥有很大的潜能，即使你只是将其开发一半，你的人生也可能因此而变得意想不到的完美。然而，如何才能激发出自己的潜能呢？这就需要用到你的潜意识，潜意识的力量是非常大的，而这种力量却是人们常常忽略的一部分。什么是潜意识？科学解释，潜意识是指人类心理活动中不能认知或没有认知的部分，是人们"已经发生但并未达到意识状态的心理活动过程"。如果你想成功，那么就尽量地去畅想吧，潜意识会让你朝着自己的目标去努力，成功便会指日可待。

关于潜意识的力量，很多人都进行了仔细的研究。精神分析学派的创始人弗洛伊德所开创的精神分析学正是对潜意识的研究。他将潜意识分为两种：前意识和无意识。他在著作《梦的解析》中深刻阐释了人类的精神活动。弗洛伊德说，人的各种情绪会在不同的意识层里发生，而这种原始的动力始终被人类控制着。因为潜意识是一种不被人类的理性思维所承认的东西，然而，恰恰是这种东西，支配和影响着人类的活动。

从弗洛伊德的研究中，我们能够了解到，如果正确地引导潜意识这种无形的力量，不仅在医学上有很好的疗效，而且通过这种自我暗示的方法，可以推动你去做某一件事，直到成功。正如人们所说，理想有多大，舞台就有多大，一个人想要获得的东西越多，他得到的东西就越多。

潜意识成功学开创者墨菲博士在《潜意识的力量》一书中详细阐

释了如何激发自己的潜意识，并利用潜意识来获得成功。他说："所谓思想决定行为，行为决定习惯，习惯决定命运。一个人在他的潜意识里把自己想象成什么样，那么他就会变成什么样。"事实也确实如此，一个伟大的人，在平庸的时候必定不会甘于平庸；一个富有的人，在贫穷的时候，也一定在想方设法地赚钱。虽然行动对一个人来说很重要，然而，如果没有前期的思想去引导，那么也就不会有后面的行动。所以，如果你现在正处于困境，你就努力设想自己的辉煌吧，宁可让现实将自己打败，也不要自己打败自己。所谓外在的束缚都是经不起拆解的，只有思想的牢笼才最可怕，当你勇敢地冲破思想牢笼的时候，就是你享受自由与美好的开始。

墨菲博士告诉我们通过科学的祈祷可以有效地释放潜意识的力量。他所指的祈祷，并不限于传统意义上对神灵的祈祷，而是表示一种自信，或是对某种思维方式的信赖。当我们处于困境时，总会不由自主地去祈祷，而这种祈祷正是在绝望下所表现出的对潜意识的信赖。曾经有一位母亲，当她看到自己的孩子从楼上摔下来时，本能地跑过去接住了孩子，使孩子免遭不幸。事后，人们观察了孩子落下去的地方和那位母亲之间的距离后，都表示非常惊讶。在那种情况下，即使世界短跑冠军用尽全力也办不到。当人们问起这位母亲如何做到的时，这位母亲说她自己也不知道，只是当看到自己的孩子掉下来时，心里只想着要接住自己的孩子。我们了解了潜意识的力量后，就会知道，这位母亲之所以能够做到，是因为潜意识在她的身上发挥了作用。这位母亲当时在潜意识的作用下，释放了巨大的能量，那一刻，孩子的母亲正是把自己的心理和情感同自己心里的愿望有效地结合在了一起，从而产生了人们眼中的"奇迹"。

墨菲博士说："思想就是一幅蓝图，思想改变了，潜意识同样也会发生变化。"正如人的梦境一样，白天里你有意识或无意识的想法都会在梦里发生。所以，如果我们保持积极的生活态度，以宽容的态度对待一切，那么，潜意识就会提供给你美好的事物。在生活中，当你面对一件事的时候，你越是往坏的方向去想，这件事就会变得越糟糕，如果你总是保持积极的心态，无论多大的困难，总能解决掉。正如在医学上发生的许多奇迹一样，这些奇迹的出现正是潜意识发挥了作用。所以，医生总会嘱托病人，不要悲观，保持乐观的心态，这样病才能很快好起来。著名的短片小说家欧·亨利在小说《最后一片落叶》中所写到的琼珊每天数剩下的叶子来计算自己存活的日子的行为，正是一种潜意识的心理活动。当贝尔曼为她画上了永不掉落的最后一片叶子后，琼珊的心态也开始渐渐好了起来。虽然是小说，然而，这样的事实却时刻发生着。潜意识虽然是一种无形的难以捕捉的思想活动，却有着改变一个人命运的力量。相信它并与之建立起和谐的关系，那么，你的潜能便会被激发出来，而你将会因为你的意念获得幸福。

爱因斯坦说过："灵感并不是在逻辑思考延长线上产生的，而是在破除逻辑或者常识的地方才有灵感。"所谓灵感，正是人的潜意识，当一个人的潜意识积累到一定程度的时候，它便会不时地被释放出来，成为我们可以捕捉到的思想活动，而这种思想活动，正是人们所说的灵感。伟人往往都是善于捕捉自己灵感的高手。而那些闪现的灵感，正是一项伟大的研究成果或者一件伟大的作品的雏形。如果我们再用理性的思维加以修饰，那么，你将会因此而成功。电影大王邵逸夫，无论走在哪里，都会随身携带一个记事本，一旦出现灵感，就及时记在本子里。正是这种善于利用潜意识的小举动，帮助邵逸夫在电影事业上取得了成功。

一种好的教育，除了教授学生们知识，还应该引导学生利用自己的潜意识去开发自己的潜能。让每一个学生，能够充分利用自己的潜能，去主宰自己的未来。那么，学校应该如何帮助学生利用自己的潜意识呢？

孔子曰："温故而知新。"不断重复学习旧的知识，就是在给自己的大脑不断的刺激，从而增强记忆功能。这样，你对知识的记忆就会储存在你的潜意识里，永远不会忘记。这种方法在教学中被广泛应用，但是人们却不知道是潜意识在其中起了关键的作用。除了重复学习已经学过的知识外，在日常生活中，我们有很多机会去刺激自己的潜意识。比如人们经常说的似曾相识，就是因为在你不经意间看了某人一眼，由于潜意识的作用，你的大脑将其记录下来，当你再一次见到那个人的时候，潜意识受到刺激而想起来。所以，在日常生活中，我们要事事留心，多注意观察生活，这样，你的潜意识才能被最大限度地利用起来，从而激发你的潜能。那些满腹经纶的人，在谈到一个话题时，总能信手拈来许多相关的知识，让听者啧啧佩服。其实他们并没有什么秘诀，只不过是源源不断地向自己的潜意识输送各种知识，在关键的时候，潜意识就会将这些知识释放出来。因此，一个追求卓越、有远大抱负的人，要善于利用自己的潜意识，不断地接受新知识、新事物，让自己的大脑最大限度地被利用起来，使自己变得更聪明，生活变得更加丰富多彩。

任何事物，都有它好的一面和不好的一面。潜意识虽然有非常大的力量，但它仍然是最原始的东西，它既可以带给你美好的东西，同时也会在不经意间露出凶险的面孔。所以，我们需要用正确的方式来引导它。

举个例子，二十世纪初，一个匈牙利男子被人误关进冷藏车里。第二天，人们打开冷藏车发现这个男子的时候，他已经死了。通过调查，人们发现，当时冷藏车的冷冻机处于关闭状态，冷藏车里的温度有 10 度左右。在检查男子的死因时，法医惊讶地发现男子是因为过冷而死的。导致男子"冻死"的原因并不是温度，而是他自己的潜意识。当他被关在冷藏车里的时候，一定在设想着自己如何一点点地被冻死，结果，他的身体果真作出了相应的反应，放弃了所有的生命特征。可见，潜意识的力量是多么强大。

生活中，我们要保持乐观的心态，一旦有负面的情绪出现，就要用正确的方法来调节自己的情绪，使自己变得积极乐观起来。事实也正是如此，长期处于悲观状态或是受某件不好的事情的刺激，人们就容易得抑郁症，严重的甚至会自杀。所以，善于了解自己的情绪，感受每一种情绪来临时自己身体的变化，当提前知道自己要有不好的情绪的时候，及时提醒自己，恢复乐观心态。

在你观看外面的世界的时候，也要记得观察自己的内心世界。外面的世界再美好，如果没有一个好的心态，你也不会感受到；一个内心世界丰富的人，即使处在荒芜的世界里，也一样会感受到美好的存在。潜意识的影响不是一时的，它将伴随你的一生。你现在的生活状态就是你的潜意识的"杰作"，如果你学会了与它和谐相处，那么，它将会是你的良师益友，如果你没有正确地引导它，那么，它也会对你的生活造成不良的影响。也许，再也没有什么能够陪伴你一生，并时刻影响你的生活，所以，学会运用潜意识来激发自己的潜能，是必要而迫切的事情。它就像你身边的朋友，你可以改变它，它也一直影响着你，只不过，它对你的影响会比朋友对你的影响更大、更持久。

这个世界，没有什么能够真正改变你，正如一只空的麻袋，当你松开手的时候，它就会倒下，只有将麻袋装得满满的，它才会独自站立起来。我们人类也是一样，不要寄希望于任何外在的东西，学会让自己的内心强大起来，学会控制自己的潜意识，有效地发掘自己的潜能，那么，你就会像那只原本空的麻袋一样，被一股从里面产生的力量支撑起来。只有当你站起来的时候，你才会望得更远，不是吗？

6

记住：平时多积累，日后才有大能量

荀子曰："不积跬步，无以至千里；不积小流，无以成江海。"任何成功，都需要一点点的努力垒加起来才会实现，一蹴而就的事情总是经不起时间的考验。清华的学子们，在迈入清华的大门之前，都付出了很多的努力，否则，他们也不会有机会走入这样优秀的学府。所以，我们看到别人的成功时，不如将艳羡别人成功的时间用来提高自己。正所谓"台上一分钟，台下十年功"，每一次的成功都需要付出千倍万倍的努力，这样，才会更值得人们珍惜。

清代著名文学家蒲松龄，为了搜集写作素材，就在路边搭了一个凉亭，每一个路过的行人，只要能够给他讲一个故事，他便免费提供一碗茶水。几十年如一日，蒲松龄终于搜集到了足够的素材，经过他仔细的整理和创作，终于完成了著名的小说《聊斋志异》，得到了后世人们对他的崇敬和纪念。

蒲松龄的故事告诉我们，任何成功都需要点滴的积累。在生活中，我们要养成多观察，多思考的习惯；在学习上，多读书、多背诵，将知识牢记于心。正所谓"合抱之木，生于毫末；百丈之台，起于垒土；千里之行，始于足下"，做好当下的事情，要时刻怀有一颗不急不躁的心。急功近利的人，最终只会落得狼狈不堪。

学生要懂得积累知识，商人要懂得积累经验，社交场合的人要懂得积累人脉，明星要懂得积累人气，作家要懂得积累素材，只有在日常生活中懂得积累的人，才会在自己的舞台上发光发热。鲁迅说："哪有什么天才，我只不过把别人用来喝茶的时间，花在了工作和学习上。"
看来，所谓的天才，需要比别人付出更多，这样他才能得到更多。

　　中国著名的数学家苏步青，被誉为"数学之王"。他在微积分几
何学、计算机几何学等数学中的各个领域，都取得了辉煌的成就。苏步
青的成功，也是从细节上一点点积累起来的。他把饭前饭后，会前会
后等时间都比喻为"零布头"，然而，他的成功与这些零布头却是分
不开的。普通人轻易便挥霍掉了大把大把完整的时间，这些零碎的时
间就更不会放在眼里。对于时间，苏步青却不这样认为，应该说每一
个成功的人都不会轻易放过空余的时间。在参加五届三次人大会议期
间，苏步青利用会前会后的时间，完成了《仿射学微分几何》的后半
部分。零碎的时间，如果加以利用，日积月累，也会完成很多事情。
有人说，一个人的成功，不是看他工作时在做什么，而是看他下班后
在做什么。这句话告诉我们，成功与不成功，往往都在于你怎么看待
细微的事情。你只有将所有的时间都利用起来，不让时间白白流走，
努力学习，积累知识，日后你才能成就一番事业。

　　法国著名的军事家拿破仑，用自己的军事才能，指挥并打胜了很
多战役，数次挫败保王党和反法联军，保住了法国大革命的成果，沉
重打击了欧洲的封建势力。他在位期间所颁发的《拿破仑法典》更是
成为后世资本主义国家的立法依据。历经百战的他，不仅创造了许多
军事奇迹，而且在执政期间，不断对外扩张，建立了庞大的拿破仑帝
国。拿破仑说过："不以小事为轻，而后可以成大事。"正是这样的处
世态度，才成就了他的辉煌。早年间，拿破仑和普通人一样，只是一
个怀揣梦想的学生，他的梦想就是希望科西嘉早一天独立出来，因为
他认为自己是一个外国人，不应该受法国的统治。为了理想，在军校
接受教育期间，拿破仑苦读关于军事的书籍，认真钻研兵法和哲学类
的书，最终以优异的成绩毕业。拿破仑后来在战场上所表现出的军事
天才，正是由于学生时代努力读书积累了丰富的知识，后来又在无数
次的大小战役中，一点点积累起经验，然后使自己渐渐成长起来的。

　　不要以为当下学到的知识不能立刻运用到实际中，就是没有用处

的。当你的知识积累到一定程度的时候，你会发现，你的胸怀会比别人更广，你的目光会比别人看得更远，而你在生活中积累的知识和经验，将会让你受用终生。正如气球一样，当你只吹入一口气的时候，气球丝毫看不出变化，只有你不断地吹入更多的气体，气球才会一点点膨胀起来，最后飞向高空。积累知识的过程，正是将所有的知识凝聚在一起的过程，任何事物，都是从一个微小的个体慢慢成长起来的，由弱到强是事物的发展规律，只有遵循这个规律，人们才能学到更多的东西，体会到自身能量的爆发。

大的财富同样也是靠小的财富积累起来的，接下来这个例子，能够让你了解到如何依靠积累而获得财富。有两个年轻人一同去寻找工作，一个是英国人，另一个是犹太人。一天，他们走在街上，发现前面的地上躺着一枚硬币。英国人看到后，视若无睹地走开了，犹太人看到后，激动地捡起了这枚硬币。英国人对犹太人的举动表示不屑：一枚硬币也捡，真没出息。犹太人对英国人的做法表示不理解：让一枚硬币从自己的手中白白溜走，真没出息。后来，两个人同时进了一家公司，公司规模很小，工资低，工作也累。英国人失望地走了，而犹太人高兴地留了下来。两年后，两个人在街上相遇，犹太人已经成了老板，而英国人还在寻找工作。英国人对此表示无法理解："这么没出息的人怎么会如此快地发了财呢？"犹太人说："因为我不会像你一样绅士般地从一枚硬币旁边走过，我会珍惜每一分钱，而你连一枚硬币都不要，怎么会发财呢？"同样是两个追求财富的人，却对财富有着不同的理解。英国人一心只想着去赚大钱，却忽视了小钱的价值，结果到头来一无所获。犹太人从小的财富开始积累，最终得到了大的财富。这种对待财富的态度直接决定了他们的未来。

对待任何事物，我们都不应该忽略细节，所谓"厚积而薄发"说的正是这个道理。只有将点滴的收获积蓄起来，日后才有大的力量释放出来。如果不注重小的事情，很可能会失去更多的东西。曾经有这样一个说法：一个帝国的灭亡，是因为一位能征善战的将军座下战马蹄铁上的一枚钉子松动导致的。这种说法并不是小题大作，人们往往会因为忽略了小的细节而导致整件事情的失败。正如这个说法，一枚钉子的松动就会丢掉一只马蹄铁，丢掉一只马蹄铁就会损失一只战马，而战马上的将军会因此丢掉性命，没有了将军去指挥作战，就会输掉这场战役，如果这场战役非常关键，那么这个国家就很有可能因此而灭亡。

　　清华的治学成功，也是一点一滴从小细节处开始积累的。它从毫无经验到一点点组建师资力量和开办各个学科，历经百年，无数的先贤们用自己的学识铸就了今天的清华。众所周知，清华在1911年成立的时候，只是清政府建立的留美预备学校，名为清华学堂。直到1925年才设立了大学部，1928年正式更名为"国立清华大学"。1952年，全国高校院系调整时，清华吸收国内其他高校的工科院系，使清华大学成为一所多科性的工科大学。改革开放后，清华适应时代的发展，效仿西方教育，又开设了经济管理学院、建筑学院等多所学院，正式迎来了百花齐放、人才济济的新时代。如今，清华走上了康庄大道，并跻身世界著名大学行列。作为清华的学子们，在享受清华带给他们荣耀的同时，也不要忘记清华的过去。母校的成功经验正是你走向成功的榜样。从小处积累，从现在积累，知识是你未来成功的基石，而经验则是让你少走弯路的导航。只要做到这些，你的未来就不再是梦。今天你因清华而荣耀，明天清华将因你更加辉煌。

在清华，每一个人都在努力地提升自己，让自己变得更强。他们从来都不会安分地躲在角落里，心满意足地享受清华给他们带来的一切。他们总是不断地创新，创造属于自己的明天，一份属于自己的天空。

人生在世，每个人面对的未来，全都取决于自己的选择，每一次人生道路上的选择，都有可能决定一个人一生的命运。所以选择很重要。但是，有时选择是对的，却并不意味着，从此以后就一定会走得很顺利。有了正确的选择之后还要努力地拼搏，锐意进取，才能让你的选择真正引导你的人生。想要取得成功就必须付出加倍的努力，没有任何人可以随随便便成功。一个人的成就，要依靠自己不懈的努力，用一滴滴的汗水汇聚而成，最终人生就会如同奔涌的江河，浩荡激昂。

生命如歌，想要发出最嘹亮、最动听的声音，需要不断进取，不断积累，厚积薄发，一鸣惊人。所以，想要取得傲人的成就，就一定要有超出常人的付出。永远不要满足于自己现在的状况，因为你满足于自己现在的生活就意味着你选择停止前进，也意味着你永远都不可能再突破自我了，更意味着你将会被很多的后来人所超越。在清华人的思想中，永远都不会有安于现状的想法，他们永远都在不断地创新。清华之所以能够取得无数的辉煌成果，正是基于这样一种永不停歇的进取心。

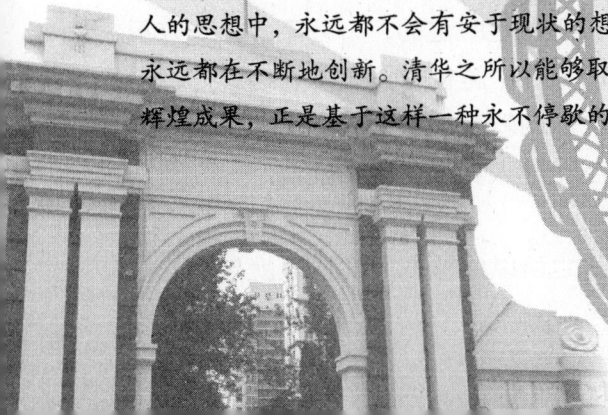

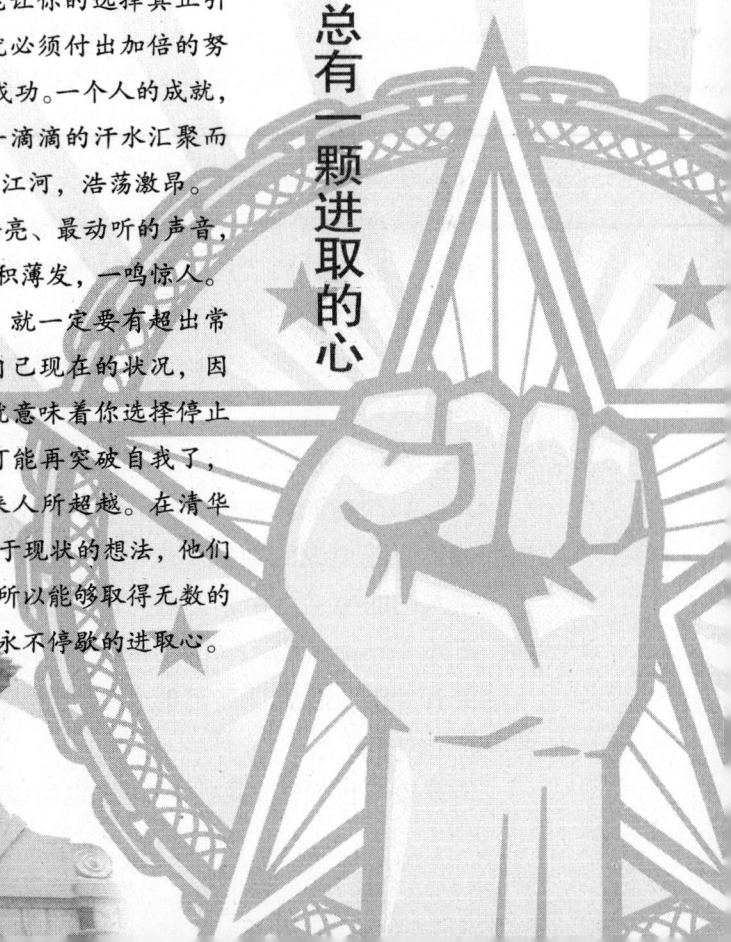

第三章

【进步正能量】

清华告诉你辉煌的背后总有一颗进取的心

1

辉煌并不是轻易得来的，需要的是不断进取

在现实生活中，人们只羡慕别人的成功，却很少会想到他们背后付出的努力。

清华有着无数的荣誉闪耀在世人的眼前。但是，大多数的人都不会去想，清华是怎样通过一点一点的努力才取得今天的荣耀的。

1914年，民主先驱梁启超在清华做了一次题为《君子》的演讲，详细解释了"天行健，君子以自强不息；地势坤，君子以厚德载物"的意义，并以此勉励清华学子。

他的这次演讲对清华大学优良的校风和良好的学风产生了非常深远的影响，从此之后"自强不息，厚德载物"就成为了清华的校训，并且将其刻在校徽上流传至今。

每个清华学子都牢记校训，不论是在学习中，还是在工作中，他们都努力学习，尽心工作，将这八个字表达得淋漓尽致。因为他们深知，想要取得成功必须付出加倍的努力。

人们都知道能量守恒定律，当人们使用一定的力量，就能够得到这个力量所能造成的结果。这个结果，是既定的，一分不多，一分不少。在人们的生活之中，某些方面来说，能量守恒定律也在发挥着作用。正如"一份付出，一份回报"说的就是这个道理。想要得到，就一定要有付出，想要让自己的人生比他人更加绚烂，就要付出比别人更多的努力和汗水。

华罗庚是世界著名数学家，他之所以能够取得辉煌成就与他的不

懈努力是分不开的。他自小家境贫寒，家中一直勉强支撑着他的学业，后来他在上海中华职业学校就读期间，因家贫而中途退学。后来能够取得如此巨大成就，几乎全靠自学。

因家贫而被迫辍学的华罗庚不得不回到家中帮助父亲料理杂货铺。在单调的站柜台看店的生活中，他开始自学数学。一边在杂货店中帮着父亲干活记账，一面努力钻研数学。后来他的姐姐华莲青回忆当年弟弟刻苦自学的情景时说道："虽然是在大冷的冬天，他还是站在柜台里面看他的数学书。看着看着鼻涕就不停地往下流，鼻涕流下来的时候，他就用左手往鼻子上一抹，鼻子被擦得通红的，右手还在不停地算着……"

那时的华罗庚站在柜台的前面，有顾客来了就帮父亲招待客人，算好价格，记好账。顾客离开了就马上埋头看书，继续演算数学题目。他经常做题做到入迷，忘记接待顾客，有时甚至将自己运算的结果当作了顾客应付的货款，让顾客大吃一惊。为此，父亲经常气得要把他的书给烧掉，但是，每一次华罗庚都将书死死地抱在怀中不放开。

后来，华罗庚进入了清华大学，并在图书馆任职，这为他提供了更好的自学条件，华罗庚就如同回到了大海的鱼一般，在数学的海洋里自由地遨游。有人曾记录了他在图书馆任职期间刻苦自学的情景："清华的藏书比他之前在图书批发市场看到的还要多上很多。对于华罗庚来说，这一切就已经足够了。他每天都徜徉在数字的海洋中寻踪探秘，那个时候，华罗庚每天的休息时间只有短短的五六个小时。华罗庚表现出了对知识的强烈渴望，他甚至依靠自己强大的逻辑思维能力，在熄灯之后也能够看书。他拿出一本书在灯下仔细阅读、思考，熄灯躺在床上，回忆起书中的内容，然后在头脑中思考这些题目应该分几个步骤来做，分几个章节做比较合理。他能够触类旁通，但有的时候他也百思不得其解。这个时候他就再从床上爬起来，把书拿出来，在灯下反复地思量。常人需要十天半个月才能够看完的书，他一两个晚上就能够全部看完。"

在华罗庚的刻苦学习和不断进取之下，第二年他就成功升任助教，尽管他仅有初中学历，但教授会上却获得了一致通过，一年半之后他升任讲师，再之后成为了清华大学的研究员，一干就是两年。1936年，华罗庚26岁，获得清华大学保送到英国留学的机会，就读的学校是英国最著名的剑桥大学。但是他没有去读博士学位，而是成为了一个Visitor（访问者）。成为访问者可以冲破学科的束缚，可以同时攻读七八门不同的学科。他说："我来到剑桥大学，不是为了得到一个学位的，而是为了求学问。学到更多的知识才是我的目的。"

他没有拿到过博士学位，却在剑桥求学的两年时间里，接连写了二十篇达到博士水准的论文，每一篇论文都可以为华罗庚赢得一个博士学位。这二十篇论文中有一篇是关于"塔内问题"的研究，他在论文之中提出的理论被数学界命名为"华氏定理"。英国著名数学家哈代是研究"塔内问题"的权威专家，当他看到这篇论文之后，激动地说："好极了，在我的著作中，我把它写成了不可修改的，看来，这回我的文章非改不可了！"

华罗庚之所以能够取得如此大的成就，依靠的就是自身不断的努力，利用一切机会刻苦学习，慢慢成长为世界著名的数学家。

在迈向成功的道路上，要有集腋成裘的决心，所有的成功都是依靠不懈的努力得到的。在市场环境之中，有无数的机会也有无数的挑战，每一次的挑战都能够决定一个人的命运。所以，想要做出成绩就要不断地向前迈进。只有不断地向前、不断地进取，才有机会踏上人生的巅峰。

2

清华人牢记：每天进步一点点，成功缩短一大步

天才来自勤奋，没有谁生下来就是天才，都是靠后天一点一点的积累最终才取得了辉煌的成绩。同样，"大师"也不是先天造就的，他们与普通人的生活环境并没有太大的差别，之所以能与普通人拉开距离，是因为他们往往都有一颗永不停息、不断向前的心。不论一个人的出身和成长环境是怎样的，只要他有志气，有目标，并且每天都能够向前迈进，就算每次只进步一点点，他最终也可以取得巨大的成就，实现人生的突破。

有志向固然是好的，但是光有志向还不够，还需要不停地向着自己的目标进发。当一个人拥有了自己的目标之后，就要让自己不停地拼搏奋斗，一点一点向着自己的目标靠近，只要每天向前迈进一点点，终将会实现自己的目标。

在现实生活中，想要取得成功其实是一件简单的事情。为什么这么说呢？一个人想要成功的话，就说明他已经有了一个目标，接下来所要做的事就是制订一个切实可行、能够达到成功目标的计划，然后通过不断努力去实现目标。

确定目标不难，制订计划也不难，难就难在要如何接近目标，如何保证自己每天都能不断地向自己的目标靠近。成功的关键不在于有多高远的目标，而在于一个人如何去实现它。

在清华，能够感觉到每一个人都在忙碌着，能够看到他们的进步，每隔一段时间你就能够感觉到他们的精神面貌与之前相比有所不

同，给人焕然一新的感觉；在清华，所有的学生都把学习作为自己的首要任务，并且，每个人都过着如同"苦行僧"般的生活，这也许就是清华之所以有那么多人取得成功的原因吧。

清华有很多大师都是依靠自己不懈努力最后达到了事业的巅峰。数学家华罗庚是这样，朱自清是这样，王国维也是这样。他们每天都在努力学习，都在进步。也正是每天的进步才成就了他们日后的成功。不积跬步，何以至千里？

西华·莱德先生是二战时期非常出名的作家兼战地记者，他在《读者文摘》上发表过一篇关于自身经历的文章。他这样写道：在他曾经收到过的忠告中，最好的忠告就是"坚持走完下一里路"。他在文章中记述过这样一件事情：在第二次世界大战期间，他和几个同事搭乘一架飞机去往战场。在飞行的途中，飞机出现故障，他们不得不从一架破损的运输机上跳伞逃生，迫降在缅印交界的一处热带丛林里。当时唯一能自救的办法就是拖着沉重的步伐一步一步前往印度，全程长达 140 英里，他们要在 8 月太阳的暴晒和季风所带来的狂风暴雨的侵袭之下，翻山越岭。当他们走了一个才小时之后，西华·莱德的脚就被一只长统靴的鞋钉给扎破了，傍晚时候，他的双脚起了像硬币般大小的血泡。当时他们以为自己要完蛋了，但是又不能不走。为了能在晚上找个地方休息，在别无选择的情况下，所有人都硬着头皮坚持往前走。他们以一英里为目标坚持走下去，最后终于到达了目的地。

在文章中他还说到一件事：当他把其他工作推掉，开始着手写一本 25 万字的书时，心一直定不下来，他差点放弃一直引以为荣的教授尊严。最后，他强迫自己只去想下一个段落应该怎么写，而不是下一页要怎么写，当然更不是下一章。整整 6 个月的时间，除了一段一段不停地写之外，他什么事情也没做，结果居然写成了。

在文章发表的几年之前，西华·莱德接了一件每天写一个广播剧本的差事，写到最后竟然一共写了 2000 个，这是一个非常巨大的数目。如果当时他签了一张"写作 2000 个剧本"的合同，一定会被这个庞大的数目吓倒，甚至会把它推掉。好在只是写一个剧本，接着又写一个，就这样日积月累写出了这么多。

"坚持走完下一里路"的原则不仅对西华·莱德很有用，对每个人都很有用。一个人的人生中一定有过很多类似的境遇，或许它不会像西华·莱德先生在战场附近遇到的麻烦那样攸关生死，但是无疑都需要你坚持下去，持之以恒地去做一件事。如果一个人不想在"雨林中睡觉"，那么就必须坚定地朝自己的目标前进，就算丢了鞋子，伤了脚，也要在烂泥中坚定地走下去！

因此，当一个人确定了一个目标之后，就要向着目标一点一点地靠近，一步一步地走下去，这样才能让自己积累到超强的正能量，从而取得最终的胜利。

由此可见，想要取得成功一定要有恒心，每天都比昨天做得更好一些，学得更多一些，就能够离成功更近一些。每天进步一点，离成功就更近一点。清华正是以这样的态度，每天都在不断地努力，所以才会走向辉煌，成就清华的赫赫威名。

3

持之以恒、坚持不懈是成功的唯一捷径

清华作为中国最好的大学之一，拥有无数的荣耀。这是因为，每一个清华人都清楚地认识到，想要取得成功，就必须要不懈努力、持之以恒。他们用行动告诉人们，成功是需要通过不懈努力才能够达到的。

不积跬步无以至千里，不积小流无以成江海。成功是一个积累的过程，当一个人沿着一条道路行走时，想要到达终点就必须尝试用各种方法向终点靠近。可以步行，也可以骑马，使用的方法不同决定的只是成功的快慢。如果一个人骑着高头大马，在这条路上走走停停，那么就算别人步行前进，总有一天也会超越骑马的人，率先到达终点。

在抗日战争时期，战争已经到了非常危急的时刻，北方大片故土沦陷，很多学校都无法维持正常的教学，中国最顶尖的三所学校清华、北大、南开决定联合西迁组成联合大学，也就是后来的西南联大。西南联大是中国高等教育史上的传奇：国家处于危难之际，在西南边陲之地——云南，于短短 8 年的时间中培育、凝聚了一大批中国近代史上最顶尖的人才，它可以说是中国文化传承的最精华的一部分。随意翻开联大师生名录就能够发现一大批大师级的人物来，比如陈寅恪、吴大猷、钱锺书、周培源、梁思成、朱自清、冯友兰、闻一多、沈从文、华罗庚……群星璀璨，令人目不暇接。

在战争不利的情况下被迫迁移的西南联大，生活有多么艰辛，是现代人难以想象的。当时国土大片沦陷，大多数西南联大学生的家都在沦陷区，这使得这些学生大多都没有了经济来源，只能依靠当时政

府发放的贷金来维持生活。但是由于战争的影响，粮食等战争物资的价格猛涨，不仅学生们的贷金无法解决温饱常常挨饿，就连联大教授们的工资也同样无法养活自己和家人。学校食堂只能用陈米做饭，其中常混杂着谷、糠、秕、稗、石、砂、鼠屎及霉味，学生将之戏称为"八宝饭"。

教授也跟学生一样吃不饱饭，于是，这些中国最顶尖的人才们组成了种菜小组，他们推举植物学家李继侗来当种菜小组的"组长"，生物系的讲师沈同当"种菜助理"，所有教授共同出力，松土、浇水、防虫、施肥，等到蔬菜丰收的时候，大家吃起来感觉格外香。

在西南联大的师生身上充分体现了联大"刚毅坚卓"的校训。学生宿舍屋顶是用茅草盖的，在昆明这个多雨的地方，每到下雨天屋顶就会漏水，睡在上铺的同学，不得不把脸盆、水桶、饭盒都拿出来接水。教室的环境略好一些，屋顶是用铁皮做的，但是当暴雨来临的时候，雨点打在屋顶上声如击鼓，老师讲课的声音根本就听不见。

陈岱孙是法商学院教授，他以完美掌控讲课时间出名。每次他上课，讲完了计划要讲的内容后，说一声"下课"，学校的铃声立刻就打响了，历来如此，从无失误，令人啧啧称奇。然而暴雨常常打乱他的上课计划。有一次，他正讲到兴起，突然一阵急雨来袭，声音大如击鼓，他没有办法继续讲下去，无奈，只能停下，略作思考，随后他走到黑板前写下四个大字："停课赏雨！"学生大笑不止。更多的时候，老师们的课是被敌人飞机的轰炸打断的。一旦听到防空警报，老师们就必须立即下课。

正是由于生活在这样一种艰苦的环境中，西南联大的学生得到了前所未有的锻炼，形成了刚毅坚韧的性格和刻苦钻研、勤奋好学的优良风气。

在西南联大的历届毕业生中，杨振宁、李政道获得过诺贝尔物理学奖；邓稼先等8人获得过中国国家"两弹一星"功勋奖；4人获得国家最高科学技术奖；宋平等人成为国家领导人；27人担任中央研究员院士，154人成为中国科学院院士，12人成为中国工程院院士。

当时，清华校长梅贻琦是西南联大的校长。抗战结束后，西南联大解体，被清华尊称为"永远的校长"的梅贻琦带领清华学生重新建立清华大学，将西南联大的优良传统延续到了清华。在秉承了西南联大优良学风的基础上，清华又以自身独有的文化传承，培育出了一批又一批当世顶尖的人才。

清华正是依靠师生共同努力、持之以恒的精神，从西南联大艰苦的环境中走出来，进入一个茁壮发展的成长期。在敌机的轰炸中，在食不果腹的艰苦生活中，清华人始终不忘坚持学习，最终守得云开见明月，取得了辉煌的成就。

清华的发展史告诉人们，想要成功，必须有持之以恒的精神。清华告诉人们：在成功的道路上没有捷径可走，唯一存在的捷径就是坚持不懈的努力。每个人都有自己的想法，都想要按照自己的方式去走脚下的路。但是，不论用什么样的走法去走，都必须踏踏实实、持之以恒地走下去。只有找到一个正确的、值得自己为之努力的目标，并持之以恒地奋斗下去，这样，终有一天会走到成功的彼岸。

当人们确立目标后，就意味着他们做好了接受挑战的准备。目标远大，是很好的一件事情，每个清华学子都有一个远大的目标，但并不是每一个人都实现了自己的目标。根据调查发现，很多清华学子之所以有想法却没有去实现，是因为有很多的顾虑，他们总是想要将一切都准备好了再去行动，等到他们认为时机成熟，想要去做的时候才发现，自己已经错过了机会。自己的想法已经有人实现了，已经过时了。

对于一个勤奋的思想者来说，如果他不想让任何一个想法跑掉，那么当他头脑中有了灵感之后，就会立刻将它记下来——即使是在火海、烈焰之中他也会这样做。因为他已经习惯了这种工作方式，做起来毫不费力。

过去是无法追回的，人们能够把握的只有现在。以前的道路不管走得如何都已经无法改变了，但是以后的道路还未启程，每个人都可以决定自己的下一步怎么去走。不管走得是快，还是慢，都要走得平平稳稳，将自己的人生目标一个一个实现。

一个人要想成功，达到自己的人生目标，必须要有每一步都走得踏实的心态。虽然前方的路途，有已知的、未知的风险在等待着，但还是要让自己勇往直前地走下去。

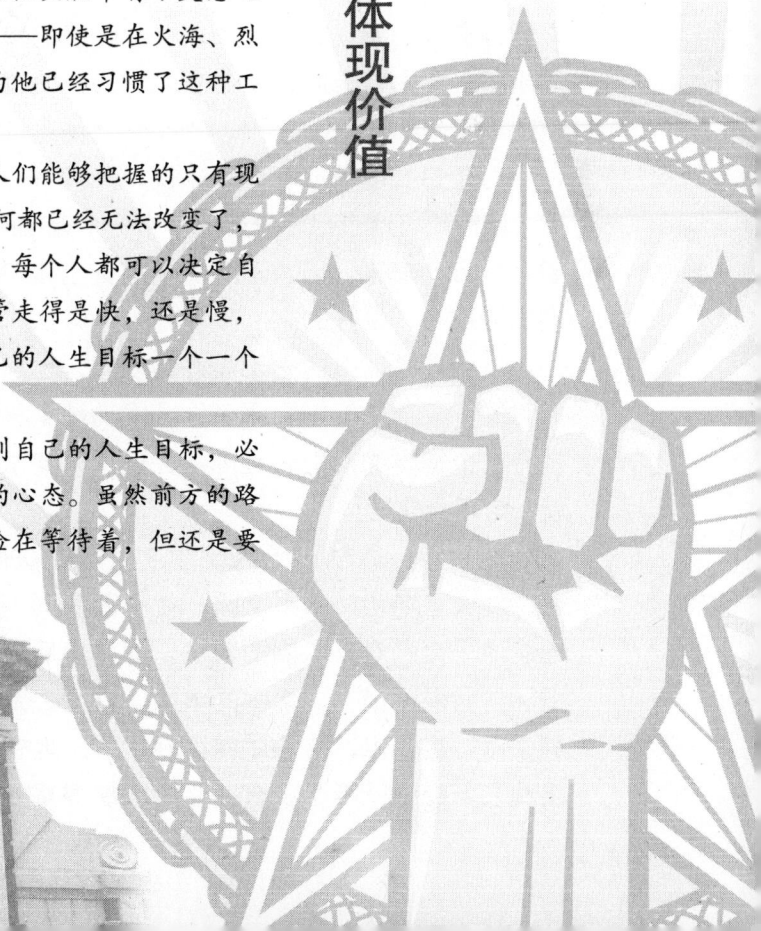

第四章

【目标正能量】

清华教你志存高远才能体现价值

1

清华人特质：确立目标，把握今天，立即展开行动

　　诸葛亮在他的《诫外甥书》中写道："志当存高远"。人们不论现在是怎样的状况，处于怎样的环境之中，都必须要有一个远大的志向。为自己树立一个正确的方向、拼搏的目标，让自己有一个可以为之努力奋斗的源动力。因为，一个明确的目标宛如一座灯塔，在前进的道路上指引着方向，使一个人的人生轨迹能够一直朝着目标不断地前进。

　　对于想要取得成功的人来说，光拥有一个远大的目标是远远不够的，还需要将这个目标分解成一个一个近期的目标，更重要的一点是，要立刻行动起来。因为，即使你具备了诸多能力，有着丰富的知识、娴熟的技巧、良好的态度以及稳妥的办法，如果不能快速采取行动，去实施计划，那么这一切美好的梦想，也只能是一场梦，就是梦破灭的时候，成功依旧不会属于你。成功是多种因素综合作用的结果，但是有一个基本的前提就是你要去做，只要做了就有成功的可能，不做就一定不会成功。

　　2007 年，微软创始人比尔·盖茨在获得清华大学名誉博士学位后，发表了名为《未来之路：在中国共同创新》的演讲，在演讲之中他畅谈了自己对互联网的看法。演讲之后，盖茨在回答清华大学学生提问的时候说道："想做的事情，立刻去做！如果你有好的想法就立刻去做。这一点，清华做得很好！"一旦有了好的想法，就要马上去实现它，否则就等于没有。好的想法很重要，更重要的是将好的想法

变为自己的目标，然后以此作为方向，去努力奋斗，使之得以实现。

文嘉曾写过一首著名的《今日歌》："今日复今日，今日何其少，今日又不为，此事何时了？人生百年几今日，今日不为真可惜！若言姑待明朝至，明朝还有明朝事。为君聊赋《今日诗》，努力请从今日始。"人的一生中最重要的就是今天，既然活在今日，就要做好今天的每一件事。只有紧紧地抓住现在，才有机会把握未来。

一位清华毕业的名师给一群快要高考的学生做高考动员演讲，在演讲中他这样说道："这世界有太多的思想家，却很少有行动家。有很多人都是思想上的巨人，行动上的矮子。我个人认为每个人都是有思想的，只是每个人的思想都有不同。人与人之间的差异有很多，其中最大的差异就是，有没有行动力，敢不敢把自己的梦想付诸现实，并且马上行动起来！"

很多高中生说："现在我们每天都要上八节课，很多功课一旦落下，就算想补也补不上去了，时间太少了，一切都来不及了。"他们总是认为现在时间已经不够用了，其实是这些人想多了。

在一座山上，有两座庙宇，里面各住着一个和尚，一个住在山南，一个住在山北，并各自以此为号。他们每天都要到山脚下的水井挑水。这座山非常高大，两个和尚下山挑水，一个往返几乎都要耗费一天的时间。由于两人每天在同一个地方挑水，日子久了，就相互认识了，并且有了极其深厚的交情。九年后的一天，山南的和尚发现山北的和尚没有来挑水，他没有在意，但是接下来的第二天，第三天，一直到第六天，山北的和尚还是没有来挑水。山南的和尚感觉有点不对劲，于是他放下水桶，到山北去看望自己的朋友，看他是不是生病了，所以没来挑水。

山南的和尚到了山北和尚的庙中一看，发现山北和的尚正在敲钟念佛，一点事都没有，他就问山北的和尚为什么没有去挑水。山北的和尚笑而不语，带着山南的和尚来到庙宇的后面一看，好家伙，庙后有一口深不见底、宽达数米的水井。

山南的和尚问山北的和尚是如何挖出这么深的一口井的？山北的

和尚笑着对山南的和尚说："答案只有四个字'立即行动'。"原来山北的和尚早就想要挖一口深井，这样就不用将时间耗费在挑水上了。但是庙里并没有多余的资金给他用来挖井，于是，他就决定自己来挖这口井。每天，挑完水，做完功课之后他就会去挖井，有时候挖得久些，有时候挖得少些，但是每天都在挖，从未停止。就这样不知不觉，一直挖了九年，终于在这几天挖好了。

事实上，山北的和尚不是什么高明之辈，他要在高山上挖一口深井，能依靠的只有自己。就这样一天一天慢慢地挖，终于在坚持了九年后，挖出了一口深井，这是一个了不起的成就。

在清华，很多人都有着这样的思想：有想法，就要马上去行动。有一个好的目标不一定能让你取得成功，但是，立刻行动则能让你无限地趋近于目标。立刻行动，就已经成功了一半。因为每一个目标的实现都要经过长久的努力，不立刻去做，就会生出各种变故。同一个目标可能有很多人都想达到，如果不立刻行动，也许等你想行动的时候他人已经实现了，你已经错过了，而机会一旦错过就不可能再追回了。

2

学子感言：想要目标得以实现必须要尽快落实

清华对所有学生的体能有一个要求，所有的学生，每年测试一次3000 米的长跑，跑不过就不能毕业，并且取消读研资格。怎么办？在为高考奋战的 3 年中，没有人注重体育锻炼。但是在清华，体育老师告诉所有的学生："你们要立刻行动起来，每天坚持锻炼，这样到考试的时候就能过了。"于是在老师的告诫下，每一个人都行动了起来，每天晚上都会有一大群人去操场上跑步，跑完半个小时再回到寝室里继续学习或休息。就这样一直锻炼了一个学期，所有人每天都坚持不断地锻炼。终于在学期结束的时候，每个人都能在规定的时间里面跑完 3000 米。

当人们确立目标后，就意味着他们已经做好了接受挑战的准备了。目标远大，是很好的一件事情。根据调查发现，许多清华学子在实现目标的时候，总是有很多的顾虑，想要将一切都准备好了再去行动，但是，当他们觉得时机已经成熟，想要去做的时候才发现，自己已经错过了机会，自己的想法已经有人实现了。

不单单在清华有这样的状况，国外的另一所著名的大学也有着同样的状况：

有一群意气风发的天之骄子从美国哈佛大学毕业了，他们即将开始自己崭新的人生。他们的智力、学历、环境条件都相差无几。在临出校门前，哈佛对他们进行了一次关于人生目标的调查。

结果是这样的：27％的人，没有自己的目标；60％的人，目标很模糊；10％的人，有一个短期的清晰的目标；3％的人，有一个清晰而长远的目标。

25 年后，哈佛再次对这群学生进行了一次调查。结果又是这样的：其中 3% 的人，25 年间他们始终瞄准一个目标，朝着一个方向不懈地努力，持续不断地行动，几乎所有人都成为了各自行业中的成功人士，其中不乏行业领袖、职场精英。还有 10% 的人，他们行动快捷，短期目标在不断地实现，于是，他们成为各个领域中的精英，而且生活大都比较好，处于社会的中层。60% 的人，行动能力不快也不慢，他们安稳地生活与工作，但是没有什么值得称道的地方，过着平常人的生活，几乎都生活在社会的中下层；最后剩下 27% 的人，他们没有目标，行动能力非常差，生活得很不如意，而且，他们常常在抱怨他人、抱怨社会、抱怨一切，他们抱怨这个"不肯给他们机会"的世界，没有给他们时间，没有给他们机会去展现自己的才华，才会使自己遭遇这样一种生活境地。

其实，他们之间的差别仅仅在于：25 年前大学毕业的时候，他们中的一些人知道自己需要什么、目标是什么，并且在目标确立之后，就立刻行动，一点一点地去实现自己的梦想。而另一些人则行事拖拉，对自己的目标不清楚或不很清楚，非常茫然。

富兰克林说："把握今日等于拥有两倍的明日。"因此，人们应当把握住今天，而不是等待明天的到来。

对于任何勤奋的思想者来说，如果他不想让任何一个想法跑掉，那么当他头脑之中有了新的灵感之后，他就会立刻将它记下来，然后，付诸于行动，即使是在火海烈焰之中他也会这样做。因为他已经习惯了这种工作方式，做起来自然毫不费力。

一个优秀的人，实质上就是一个生活、工作中的思想者与行动者的结合体，他对自己事业的热爱，立刻行动的习惯，就如同一个艺术家随时随地在记录自己惊鸿一现的灵感一样自然。寻找借口导致的最直接的后果就是拖延，但是很少有人意识到拖延的危害及破坏性。拖延是一种会不断累积的恶习，它会使一个人失去进取心。当一个人失去了进取心，那么他从此以后就会在原地不动，甚至还会倒退。解决拖延唯一的良方，就是有了想法，马上行动。每一个人都要在心中清楚地知道一点，如果你对事情有了拖延的想法，那么你就一定能够找到一万个借口来为自己的拖延做开脱，而如果要你找出自己为什么要做这件事情的原因却寥寥无几。想要把"这件事情太困难、这个东西太昂贵、这么做太花时间"诸如此类的借口合理化，要比相信"我努力就能成功，我坚持下去就会成功"这些理由要容易得多。

大多数时候，人们都不愿意许下行动的承诺，只想找个推脱的借口。如果一个人发现自己经常因为没做到一些事而寻找各种各样的借口，或者是想出无数的理由来为自己没有实现已经制订好的计划进行辩解，那么现在正是应该面对现实、自我检讨的时候，不要再为自己找借口了，立刻行动起来吧！

一个总是将今天的事情拖到明天再做的人，绝对无法在明天把事情做好。每一天都要将自己当天的事情做好，不然无法做出什么真正的大事。因为不将今天的事情做好，那么，到了明天你想要做大事的时候，将会被昨天留下的事情所拖累，无法做成任何事情。

歌德说过："把握住现在的每一个瞬间，从现在就开始行动起来。只有勇敢的人身上才有可能会赋有天才、能力和魅力。"所以，在确定好前进的方向之后，只要一直做下去就好，在做的过程中，人们的心态就会变得越来越成熟。很多事情只要能够开始，那么，不久之后就一定可以顺利完成。

当今世界，有很多机会，但是真正能够抓住机会的人却很少。只有一小部分人能够抓住机会，实现自我的超越。为什么其他的人没有办法抓住机会呢？是他们比较笨么？不是，是因为他们没有立刻行动。想要目标得以实现，现在就必须行动起来！很多时候成败就在一念之间，做，可能有成功的机会，不做，就一点机会都没有了。

每一个人生目标的确立都是在经过了长期思考之后才得出的结果，所以当一个人的人生目标确定之后，就要尽快地去将其落实，这样就会在实践的过程中获得正能量，让自己不断地接近成功，否则再好的目标也只会是目标。

3

校友告诫：释放人生价值只属于志向高远的人

人的生存，可被分为三层：第一层，解决自身当前的温饱问题，即一个人的吃穿住行；第二层次，追求自身的享受，包括精神享受和物质享受；第三层次，追求自我，也就是实现人生的自我价值。每个人追求自我价值的方式有很多种，但评判的标准只有一个，那就是一个人想要实现的价值目标。一个人的目标决定了他最终所取得的成就，也决定了他的人生价值几何。

每一个清华学子都有自己的目标，而清华本身也是一个能成就远大理想的高等学府。很多人经过残酷的高考，进入清华大学，这本身就已经是一种生命价值的体现。能够凭借自身的努力考入当今中国的最高学府之一，是一个巨大的成就。

志当存高远，是每一个人都应该知道的道理。一个人的成就有多大，很大程度上取决于这个人的志向。不可否认，有的人并没有立很大的志向也能取得成就，但是没有远大志向的人是绝不可能取得大的成就的。

在人生旅途中，人们为了生存，不论愿意与否，都要不断地向前迈进。前进的道路有时是坦途，有时并非一帆风顺。在挫折中前行，需要坚定地按照制定的路线走下去，此外还需要看着前方的灯塔，准确前行。很多时候人的志向就如同生命长河中的灯塔，当你在漆黑的海面上航行的时候，需要有一个灯塔给你指引方向，引导你前进。

每个杰出的人，都会有一个远大的目标，也正因为这个目标的存在，才使他们在众人之中显得如此突出。生活告诉人们，人需要勤奋才能靠近成功，但是更需要有目标。因为有了目标，也就等于给了自己一个努力的方向。否则，没有目标的努力，最终只会是一场空，要么是在原地踏步，要么是在做无用之功。

钱伟长，中国科学院院士，著名的学者，国际知名的科学家，在物理、数学方面有很高的成就，曾担任清华大学的校长。在钱伟长的中学时代，他的文科成绩非常好，而对物理、数学视为畏途。但是令人们吃惊的是，他的一生都在从事力学、应用数学方面的教学和研究，同时在这些学术领域有着非常突出的贡献，并且具有开创性的意义。比如，他开创了"钱伟长方程"，提出了线壳理论的非线性微分方程组，首次建立了薄板薄壳的统一理论，将张量分析及微分几何用于弹性板壳研究。他还首次成功地用系统摄动法处理非线性方程，迄今为止，在国际上依然使用此法处理这一类问题。那么，钱伟长为何能取得如此重大的成就呢？其动力源于他对祖国对民族的热爱，立了"科学救国"的目标。正是这个目标在一直激励着他，使他取得了举世瞩目的成就。

在考大学的时候，历史系和中文系教授非常欣赏钱伟长的作文和历史答卷。而他的理科成绩三科相加，总分还不到100分。想要弃文学理，这其中的困难可想而知。当时，担任清华大学物理系系主任的吴有训教授在知道了钱伟长的事之后，也力劝钱伟长学文科，并告诫他国家和民族同样需要优秀的人去学习中国文学和历史。但是弃文从理，是钱伟长经过长期反复思考才作出的决定，因为"科学救国"是他内心热切期望的，他是不会轻易改变的。

经过与钱伟长一个多星期的恳谈，吴有训教授终于同意他暂时就读于物理系学习物理学，但同时也提出了一个条件，这个条件对于理科基础非常差的钱伟长来说，可谓是十分苛刻的：他必须保证在学年结束之前，物理和微积分的成绩同时超过70分，同时还必须选修化学，加强体育锻炼，强健体魄，这样才能继续学习物理学。这就意味着当时身体羸弱的钱伟长每周除正常上课之外，还必须参加两个下午的物理实验和两个下午的化学实验，以及课外的身体锻炼。为了实现自己的目标，钱伟长只能加倍努力去克服困难，以达到吴有训教授的要求，否则，他就必须转学中文系或者历史系等其他学科。

在这个学期里，钱伟长除学习正课和做实验之外，还要补习英文和中学的一些基础数学、物理知识。他每天苦读不辍。在这个学期里，除了他自己苦学之外，吴有训教授也时常会在课业上给予他指导。终于，功夫不负有心人，在第一学期的期末考试中，钱伟长各科都及格了，学年终了时各科成绩达到了70多分，实现了对吴有训教授的承诺，实现了他入学时的保证。

四年之后，钱伟长凭借优异的成绩从清华大学物理系顺利毕业，其后又赴美留学。正是科学救国的目标一直激励着他，才使他在后来取得一个又一个重大的科学成就，为中国科学事业的发展作出了杰出的贡献。

由此可见，一个人为自己的未来订立一个目标的重要性。钱伟长身处国破家亡的危难时期，当时的中国处于危急关头，他放弃自己擅长的文科，以科学救国作为自己的人生目标，不断地迈进，最终为国家的振兴贡献了自己的一份力量。

古语有云："夫学须志也，才须学也，非学无以广才，非志无以成学。"一个人求学，必须要有一个志向，一个目标，清楚地知道自己求学的目的；不学习，就没有广博的知识，没有明确目标、方向，就无法达到求学的目的。每个人都应该如此，确定自己的目标和方向，才能知道自己到底想要什么，才能有目的地去行动，向着自己的目标进发，体现出自己的价值。

一个人的目标，是一个人价值的最终体现。想要在人生的舞台上画出完美的人生轨迹，就要早早地确立自己的志向，沿着自己的目标去努力，实现人生的自我价值。

在父母的眼中，抚养自己的孩子长大成才就是最能够实现人生价值的目标，所以无数的父母呕心沥血地工作，只为了能够给孩子提供一个良好的生存环境。而作为儿女，树立一个远大的目标，并努力去实现它，以此来报答父母的养育之恩，这也是作为子女的人生价值的体现。

选择清华本身就是一个远大的志向。一个人能否成功，很大程度上取决于他最初立下的志向。就如同周恩来从小就立志"为中华崛起而读书"一样，当他立下这样的志向之后，一直在为实现自己的志向不断地努力，最终成为了国家总理。所以，立志，就应该高远！

4
确立目标，一步一个脚印，踏踏实实地去做

　　每一个目标的确立，都伴随着自己各种各样的愿望，而每一个愿望又会催生出一个全新的目标。一个人的一生中，都有一个生活理想，希望自己以后能够过上什么样的生活。由于想要过上自己想要的生活，从而确立了各种人生目标，在追求各种目标的过程中逐渐地实现自己想要的生活。每一个梦想的实现都是由许许多多个小目标堆积而成，所以实现人生的目标，就需要人们踏踏实实一步一个脚印地走下去。

　　清华学子张华刚入学时，发现学校里的每个人都很忙碌，同在家想象中轻松的大学生活有很大的差距。他的心中有了一点点莫名的失落，后来，他慢慢融入到了清华这个大集体中，逐渐对清华的一切有所了解。他发现清华对学生的管理和教育确实很严格，严格到了体育成绩不过关就不能考研的地步。但这只是一方面，在清华，学校对学生的整体素质要求很高，不单单注重对学生知识的灌输，更加注重学生在思想意志和体魄品德上的培养。在学习中，更多的时间是留给学生们自学的，他们努力地学习专业内的知识，以及专业外自己感兴趣的知识。

　　每个清华学子的心中都牢记着校训"自强不息，厚德载物"。在清华氛围的影响下，他们纷纷确定了自己今后的人生目标，开始紧张地学习，努力实现一个个小目标，以期能够早日实现自己的人生目标。

　　直到此时，张华才明白，原来他们的忙碌都是在为自己的目标努力，他们将人生目标分成了一个又一个小目标，然后，在日常的学习中

一点一点地去实现。终于他领悟了，自己来到大学，也同样是人生中的一个目标，一个节点，但不会是终点，要实现真正的人生目标还有很长的路要走，于是他全身心地投入到其中，成为清华忙碌的一员。

做事踏实，一步一个脚印，是一种端正的生活态度。踏踏实实，是实现目标的基本前提，是一个人的使命感、责任感的体现。

有一位清华学子，刚到清华的时候，非常傲气，因为自己考上了全中国最好的大学，美好的人生在向他招手。于是平时与人交谈的过程中，他总是流露出一丝不可一世的神态。一次他用高高在上的语气和人聊天的时候，正好碰到了他的教授李宏彬。李宏彬教授听到他同别人交谈时流露的语气并没有说什么，只是看了他一眼就走开了。

第二天，正好有李宏彬教授的课。教授讲完课后，给班上的同学讲了自己小时候的一件事情：

李宏彬年幼的时候，一次，父亲有事耽搁了，要晚一点回家。他就自己做饭，他想要炒一盘青椒肉丝，于是他飞快地切好菜，准备下锅，但是，他的动作太快了，一不小心将菜撒了一地。他十分懊恼。这时父亲回来了，看到了这一切。

父亲没有说什么，而是将撒在地上的菜重新洗好，又不紧不慢地将菜切得薄厚适中，非常整齐。然后，开始做菜，同样不紧不慢，把火候控制得很好，一会儿一盘香味扑鼻的青椒肉丝就出锅了。

吃完饭后，父亲告诉他："做人做事都要踏实，我知道你会炒菜，而且味道也很不错，但是这并不是说你就不需要小心。哪怕就是简简单单的炒菜，也要踏踏实实地做好。"

讲到这里，李宏彬教授话锋一转说："我看到有很多同学，进入大学已经好几个月了，却还是没有将自己的心沉下来。这样是很危险的。希望你们能够谨言慎行，好好规划自己的人生，一步一个脚印，踏踏实实地走下去。好了，这个蹩脚的故事就讲到这了。"

这位学生后来在日记里这样写道："我知道教授没有针对我，因为不是我一个人会这样。但是我清楚地知道，他讲的这个蹩脚的故事，同样是想告诉我，考入清华并不意味着我的将来就一帆风顺了，后面还有许许多多的事情要我去做。考入清华的人很多，但是读了清华，后来表现平平的人也不少。做人做事要踏实，每一步都要好好地去走。

"我醒悟了，在后来的日子里，我重新确认了自己的人生目标，将人生目标分解成了一个个小目标，一步一步地去实现。我终于取得了今天的成就。我觉得我能够在毕业之后，组建自己的公司，全都要感谢李教授那个蹩脚的故事。还有他那句话：谨言慎行，一步一个脚印，踏踏实实地走好自己的人生道路。"

一个人每走一步，都会留下一个脚印。走过的道路或平坦，或泥泞，但重要的是要走好脚下的每一步，让每一个脚印不论是深是浅都清晰平整，每一步都走得踏踏实实。人们每次抬脚，都不知道下一步会踩在什么样的路上，没有踩上去之前，谁也不知道这脚下的路，是松是软，能做的是每一步都踏踏实实地走好。

过去是无法追回的，人们能够把握的只有现在。以前的道路不管走得如何都无法改变了，但是以后的道路还未启程，每个人都可以决定自己的下一步怎么去走。不管走得是快，还是慢，都要走得平平稳稳，使自己的人生目标能够一个一个地得以实现。

一个人要想成功，达到自己的人生目标，必须要有每一步都要走得踏实的心态。

如同清华教授李宏彬所言，一个人的目标在确定了之后就要踏踏实实地走下去，一步一个脚印，不要因为自己取得了一些成就就骄傲了，即使在最好的学校里面也会存在平庸的学生，不想平庸，就要踏踏实实做事，勤勤恳恳做人。

5

清华法则：快人一步实现自己的目标

人们有了目标之后，就要一步一个脚印踏踏实实地向目标迈进。实现目标的方法有很多，但是如何才能比别人更快实现自己的目标，让自己做得更好呢？

每个人都希望走捷径，在这个世界上也确实有捷径可以走。但是，人们却很少去考虑，什么样的道路可以被称为捷径呢？当然是很少有人能够走得通的道路，才能够被称为捷径。

考入清华是走上人生通途的捷径。中国有几百万的考生，能够考入清华，或者是与清华相类似的学校的考生又有多少呢？对于很多人来说，考入清华的难度无限大。考清华这条捷径，又有多少人能够走呢？

清华的社会学家孙立平做过这样一个实验，研究人们如何才能够更快地到达道路的终点。他找来了一群人，将他们分为三批，要求他们分别从三个起点出发。三个起点到终点的距离是一样的，但是孙立平给予这三批人的条件却是不同的。

第一批人被告知了终点的名字和路程，但在路边没有任何的里程指示牌，他们只能依靠自己的经验，估计行程消耗的时间和行走距离。当行走到了一半路程的时候，大多数人就开始想知道他们已经走了多远了，还有多久才能到达终点。其中有人比较有经验，他说："我们大概已经走了一半的路程。"于是大家又结伴向前走去。当走完整个路程的五分之三的时候，大家的情绪已经非常低落了，他们都感觉自己已经累得不行了，而且似乎还需要很长的路要走，这时又有人说："快到终点了！"大家又振作起来加快了脚步，走向终点。

第二批人既不知道终点的名字，也不知道要行走的路程有多远，只被告知跟着向导一直走下去就是了。随后他们就出发了，刚走了四五里路就有人开始叫苦，走了二分之一路程的时候，有的人已经变得很急躁，开始发牢骚了，他们抱怨什么时候才能走到头，为什么要走这么远的路。走了五分之四的时候，有的人甚至在路边停下来不想再走了，越靠近终点，他们的情绪越低落，最后甚至有人开始咆哮了。走到终点的时候，这批人的情绪非常沮丧。

第三批人的准备是最齐全的，他们不仅知道终点的具体名字、实际路程，还知道在公路上每隔一公里就有一个指示牌，实验者们一边走，一边看着指示牌，每当走完一公里，心中就升腾起一丝快乐。在行程中，实验者们有说有笑，一路走来情绪高涨，在不知不觉中路途的疲劳就被忘记了。每个人都保持着开心且平和的心态走到了终点。

实验结束之后，孙立平将三批人的实验结果拿过来对比。发现第三批人所用的时间是最短的，每一个人的情绪都比较平稳；第二批人所用的时间是最长的，并且还有部分人中途就离开了。另外，在这群人之中很多人都非常沮丧、烦躁。

最后他得出了这样一个结论：当人们清楚地知道自己的目标和实现目标所需要经历的过程之后，就能够更快更好地到达终点。当一个人的行动有了明确的目标之后，他就能将自己的行动与目标不断地加以对比，了解自己还要做些什么才能够到达终点。在他们非常清楚地知道自己前进的速度与达到目标所耗费的时间时，他的行动能力就会得到极大的强化和维持，并且能够自觉地克服重重关卡，不断地努力，最终达到自己的目标。

从这个实验中，孙立平教授告诉了人们这样一个道理：快速达到自己目标的方法，就是清楚地了解自己的目标。因为只有对自己的目标有了一个清晰而准确的概念，才能指引自己稳步前进。

当一个人确定了自己的人生目标后，就要着手去完成这个目标。

但是在真正开始实现之前，还必须要做一些准备工作。

首先，人们需要了解自己的目标，估计一下自己的目标大概需要努力多久才能实现。一个清晰的目标会告诉你，你前进的方向在哪里。在努力奋斗的过程中，一个清晰的人生目标就会不断地提醒自己，自己的目标不是幻想，而是一个通过努力就能够达到的人生理想，是实实在在可以实现的。有一个清晰明确的目标，就像是黑暗中的灯塔，指引着生命之舟不断地向着正确的方向前进。

其次，人们需要了解自己达到目标要经历怎样的过程。通向目标的路可能有很多，但是走向目标的路线有一条就足够了。所以，确定目标之后就要对实现人生目标的路线进行选择。在选择道路方面，可以罗列出几条可行的道路，然后从中选出一条最合适的作为主线，其他的道路作为备用路线，以防自己在一条路上遇到了因不可抗力而造成的阻挠时，可以换一条路"曲线救国"。

再次，对自己的目标进行分解。将最终的人生目标分解成一个又一个的小目标，作为路标，里程碑安排在人生行进的道路上。这样做的好处在于，一个人在努力奋斗的时候，能够清楚地知道自己要实现的人生目标，目前已经达到了多少，距离终点还有多少任务要完成。而且，每一次完成一个小目标，便会有一些小小的成就感，安抚跋涉在人生旅途中疲惫的心灵，从而有力量继续前行。这样，一个又一个小目标的实现，小的成功不断地累积起来，最终会堆叠成一个巨大的成功，此时也就意味着自己的人生目标已经实现了。

最后，在清晰了解了自己的目标之后，就要考虑自己达到目标将要花费多少时间。每一个人生目标的实现，都需要耗费很多的时间，要做好长期奋斗的心理准备。道路漫长，一路上坎坷遍布，很多的时候需要一个人扛过去。早做准备，知道要达到目标大概需要的时间，那么在努力奋斗的过程中，就会不停地给自己鼓励，增强自身的正能量，坚定继续向前的勇气与信心。

一个人的人生目标可能会很大，不是很容易实现。那么可以考虑将这个大的目标分解成一个一个的小目标去实现。确定了目标之后，要做一些必要的准备，让自己知道要通过什么样的途径才能够比较快地实现目标。只有详细地了解实现目标需要花费的时间，然后再努力地去拼搏，这样才能够更快地让目标得以实现。

就如同清华教授所做的实验那样，当一个人清楚地知道了自己的目标所在，达到目标需要花费的时间和自己在道路上的每一个小的目标节点，那么就会更加轻松愉快地到达终点。由此可见，对自己所做的事情做一个全面了解，细致规划，是实现人生目标的捷径。

第五章

【创新正能量】

清华用勇于创新谱写优良学风

历史的车轮转过了一个又一个春夏秋冬,人类正向着更加文明的明天前进。从原始社会到如今的经济时代,从野蛮到文明,可以说人类的发展历程是一个不断创新的过程,人类正是用自己的智慧创造出了今天的辉煌,通过不断的创新使得世界焕然一新。从历史发展的角度来看,创新是一个民族发展进步的灵魂,是一个国家长盛不衰的基石,同时也是保持政党生机和活力的动力。从个人角度来看,创新是一个人不断前进的源泉,也是一个人立足于社会的资本。因为创新意味着推陈出新,意味着改变,所以,创新需要义无反顾地付出,有时候甚至得不到回报。但是没有付出又何谈回报呢?同时,创新也意味着必须先去承担在创新过程中带来的风险,勇敢有时候会让你一无所有,甚至会让你悲痛欲绝。但是只有创新,才会让人类文明不断地创造出新的成果,推动历史的车轮向前转动,一个民族才能得以发展壮大,一个人才能不断地进步。清华正是认识到了创新的重要性,才成就了它百年的辉煌。

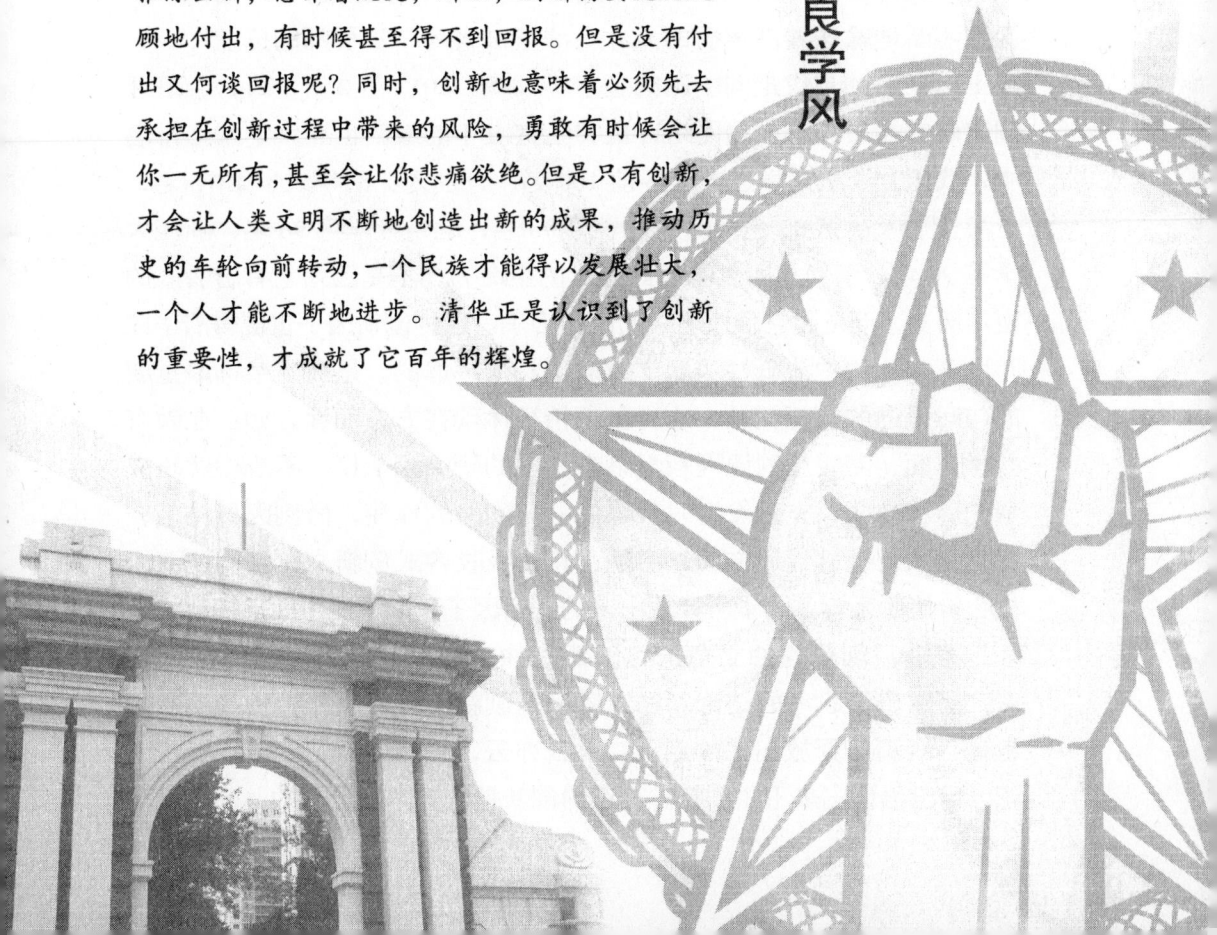

1

清华吸引人的不是百年历史，而是不断
释放出的创新因子

　　清华自 1911 年建立以来，已有百年历史，它不但见证了共和国的成立、成长和发展，而且还在此过程中起着功不可没的作用，为共和国源源不断地输送着高素质的人才。清华被誉为"工程师的摇篮"，它也正以豪迈的步伐走向中国的金字塔顶峰。2013 年 2 月 7 日，西班牙国家研究委员会下属的网络计量实验室发布的最新世界大学网络排名中，我国有 5 所大学进入世界前 100 名，分别为：清华大学第 75 名，上海交通大学第 83 名，山东大学第 90 名，北京大学第 96 名，浙江大学第 98 名。清华之所以有如此强大的生命力，不是因为它有着骄人的百年历史，而是因它释放出来的创新因子。这种创新因子也使得清华成为培养人才的中流砥柱。而支撑清华长久辉煌的，是清华精神最重要的与时俱进的创新精神，这种创新精神体现在方方面面，如：在教育教学方面，高质量的课程教学以高水平的研究为依托，不断构建研究型的课程教学，充分发挥时代媒体——网络的作用，做到因材施教；在大学文化精神建设方面，海纳百川，吸收各式创新文化，构建清华核心价值体系等。清华所释放出来的创新因子可以从三方面来理解：

　　第一，创新的独立意识。创新的独立意识就是要相信自己的思考，坚定自己思考的结论。独立意识是创新精神中难能可贵的品质，也是百年清华释放出来的启示：人云亦云，不叫创新；专家、权威说了，自己再说出来不叫创新。真正的创新是世上本就没有的，一种属于

自我的东西。而这种独立意识在四大国学导师之一的清华人赵元任先生身上体现得淋漓尽致。赵元任先生是现代汉语语言学的开山鼻祖，也是中国社会语言学的先行者，其对语言有着深刻的认识，在语言研究方面有着独到的见解。赵元任先生开创性地用现代科学方法研究调查汉语方言，他借鉴西方自然科学的理论和方法，从另一个角度解释语言学问题，使那些让人难以理解和解释的问题拥有了合理准确的答案。赵元任先生的这种学术创新精神还体现在其他方面，他不仅是"现代语言学之父"，还是现代音乐的先驱。赵元任是我国二十世纪二十年代著名的音乐家。萧友梅称其为"中国的舒伯特"，并称他替我国音乐界开创了一个新纪元。赵元任还创造了大量脍炙人口的作品，如《劳动歌》、《新诗歌集》、《我们不卖日本货》等等，表达了无限的爱国主义情怀和对下层人民的同情，追求个性解放，成为中国艺术歌曲的典范。所以创新必须要有独立意识，没有独立意识的创新，就是天方夜谭。

第二，自由的创新精神。若没有天马行空的思维，没有自由，不去挑战传统的束缚或秩序，创新从何谈起呢？凡是自由都要付出代价，不随波逐流，就注定要偏离主流，违背传统，离经叛道。而清华作为中国顶尖学术阵地，如果没有了自由，那么创新就如同纸上谈兵。凡是学术都需要有天马行空的思维和自由，这样才能做到比前人更强，才能创造更新，才能推动社会向前发展。清华最初的校训为"自强不息，厚德载物，独立精神，自由思想"，后来"自强不息，厚德载物"这句话因为梁启超先生在清华的演讲而名扬天下，故后来就使用了它作为清华校训。而自由的创新精神是由清华的终身校长梅贻琦带到清华的，他确立了清华"学术自由、民主管理、教授治校、通才教育"的教育管理方针。在他任清华校长期间，鼓励中西学术交流，积极支持教师出国讲学以及在国外发表论文。学术的自由探讨之风盛行，清华也因此得到了空前的发展，学术自由也在清华成为一种亘古不变的风气。挑战主流、权威的自由思想，在社会的科技创新、思想创新、文化创新等方面是少不了的。如果没有自由思想，那么人们将会变得唯唯诺诺，使人云亦云、溜须拍马、得过且过之风盛行，社会将不堪入目。所以清华传递给我们的"要创新必须自由思想"是我们所需要的正能量。

第三，与时俱进的新规范。所谓新规范就是对旧规范的突破与超越，让规范更加适应社会的发展。俗话说"无规矩不成方圆"，规范是一个社会必不可少的。在清华，新规范不断代替旧规范，做到因材施教，物尽其才，人尽其用；按照新规范编写教材，做到与时俱进，最大程度地释放出教学的活力。这才使得清华之流能源远流长，成就百年大业。

由此可见，百年清华最吸引我们的不是闪耀光芒的历史，而是在清华发展中流淌出来可供我们吸收和学习的创新因子，拥有独特的创新精神，具有独立意识的创新、自由思想的创新以及与时俱进的新规范，是百年清华给予现代人的正能量。

2

校长感言：缺少创新的清华将"一事无成"

清华大学校长、学位委员会主席顾秉林在清华毕业生的临别赠言中要求学生："把创新思维和社会实践紧密结合起来，要自觉地把创新意识融入到实践中去，在实践中提高创新能力、创造创新成果。"顾秉林校长还特别强调："当前中国在科学技术、文化艺术以及社会经济领域的快速发展和提升中，需要清华学子贡献创新的思想和理念，同时也为大家做出创新性成果提供了很好的实践舞台。"在清华，老师们倡导和实施"创新性实践教育"，让清华学子在研究实践中锻炼和提高创新能力。清华大学新闻传播学院的曾维康同学，不辞辛劳，跨越多个省区，采访了江汉平原上一个小村子里在全国各地生活和打工的 26 名村民，写出了一部 25 万字的村落乡民口述史，真切地展示了当代中国的农民形象，这篇论文成为同期毕业生中最独特的毕业论文之一，这就是清华学子将创新应用于实践最好的例证。

假如没有了创新，清华将会变成什么样？想象一下，清华回到建校初始，清华学子没有任何追求，也没有任何梦想和信念，那么那些从清华走出来的学子就不会成为谈经论道、羽扇纶巾的大师，也不会再有清华的荣辱沉浮和风云传奇，也许它会在历史的风雨中变成一粒尘埃，短暂地出现后，逐渐被人们遗忘，新中国的历史也许会被重新编撰。

假如没有创新，我国许多高难度的桥梁难以搭建，交通也不会如今天这样方便。我国著名桥梁专家茅以升，正是通过果敢的智慧和创新的思维，克服了桥梁搭建的一个个难关，修建了著名的钱塘江大桥，极大地方便了抗日军用物资的运输。假如没有创新，我们还在过着交通基本靠走、通讯基本靠吼的落后生活。

汽车大王福特自幼帮父亲在农场干活时，就时常会在头脑中幻想将来会有一种能够在路上行走的机器，这种机器可以代替牲口和人力。谁也没有想到，他真的成为了影响全世界的人，他的发明，改变了全世界人民的生活，结束了人们交通基本靠走的尴尬局面。他用一年的时间完成了别人要三年才能完成的机械练习，随后又花了两年的时间研究蒸气原理，试图实现他的目标，然而却没成功。后来他又投入到汽油机的研究上来，梦想着制造出一部汽车。福特的创意让大发明家爱迪生非常欣赏，于是，邀请他到底特律担任工程师。经过十年的不懈努力，在 29 岁时，福特成功地制造出第一部汽车的引擎。今日的美国，平均每个家庭都有一部以上的汽车；今日的车城底特律，已成为美国最大的产业城市之一。必须承认，正是有了福特这样敢想敢做敢创新的有为青年，才让人与人之间的联系更加紧密，生活更加方便。

创新能改变一个人的命运，一个学校的命运，甚至可以改变一个国家的命运。1900 年，著名教授普朗克和儿子在花园里散步，他神情沮丧，很遗憾地对儿子说："孩子，十分遗憾，今天有个发现，它和牛顿的发现同样重要。"他提出了量子力学假设及普朗克公式。但是他十分沮丧，因为这一发现破坏了他一直崇拜并虔诚地信奉为权威的牛顿的完美理论。于是，他最后宣布取消自己的假设。人类本应因权威而受益，却不料竟因权威而受害，由此使物理学理论停滞了几十年。相反，25 岁的爱因斯坦却敢于冲破权威圣圈，大胆突进，赞赏普朗克假设并向纵深引申，提出了光量子理论，奠定了量子力学的基础。随后又锐意攻克了牛顿的绝对时间和空间的理论，创立了震惊世界的相对论，一举成名，成了一个更伟大的权威。

由此可见，敢于创新，打破权威，人们的命运也会随之改变。众所周知，清华建校是用"庚子赔款"的退款建立的，但是有个不为人知的事实，美国承认向中国索取赔款过多，同意退还部分款项。中国官员去要这笔赔款时，眼看美国退还的可能性不大，中国官员就提出了一个创新性的主意，用赔款建立游美学务处，设立清华学堂为留美培训学校，帮助中国发展教育事业。由此，清华大学诞生。它为新中国输送了大量的栋梁之才，从而改变了中国的命运。

清华最大的贡献就是为国家培养了一大批不同类型的创新型人才，他们在祖国的各个行业各尽其才，充分发挥其创造性思维，使得二十一世纪的中国变得春意盎然，这其中包括政治家、经济学家、企业家、科学家、老师……这一切都要归功于清华"自强不息，厚德载物，独立精神，自由思想"的创新精神，因为在这一创新精神的指引下，清华人获得了超强的正能量，所以他们才有了非凡的未来。而清华在培养创新人才方面尤其注重专业知识和技能的培养，培育清华学子自信、诚信、激情、坚持不懈的信念，勇于承担责任，这就是清华历经百年而不衰的精髓所在。假如清华的人文精神里没有了创新，那么清华就会一事无成。不仅清华是这样，我们的国家，我们的民族，甚至是我们个人，假如没有了创新，那么国将不国，会重新回到落后挨打的局面，我们的民族也难以屹立于世界民族之林。个人将变得唯唯诺诺，毫无生气。没有了创新，世界就会不再进步和发展。因此，人们不能失去创新，我们要与时代同行，以创新为指导，不断发展科学文化技术，让社会不断进步，让世界变得更加美好。

3
使命和梦想赋予了清华创新正能量

近代中国国家积弱、民族多灾多难，清华就在这样大的历史背景下蒙着国耻，应运而生。1911 年，游美学务处正式改名为清华学堂。从清华建校至今，已经历经了一个世纪的风雨。在国难之中诞生的清华，像一个嗷嗷待哺的羔羊，需要社会各界的哺育才能茁壮成长。正因如此，一代代清华人都牢记国耻，以救国兴邦为己任，将个人的梦想融入到民族崛起、民族复兴的伟大事业中。正是这样的历史使命，激励着清华人不断创新，不断创造，清华人将个人的梦想和追求融入到民族的伟大复兴事业中，形成了一股只属于清华的创新正能量。马克思说："作为确定的人，现实的人，你就有规定，就有使命，就有任务，至于你是否意识到这一点，那是无所谓的。这个任务是由于你的需要以及与现存世界的联系而产生的。"吴有训是我国著名的物理学家、教育家，他出国留学时，我国的科学技术极其落后，正是这样的历史背景，使他毅然奔赴美国学习电子管生产技术，学业结束后，吴有训坚决回绝了自己导师的邀请回到了祖国。后来，吴有训在物理学、化学、数学方面取得了卓越的成就，他为当时的物理学指明了发展方向。由此看出，如果没有清华传统的特殊使命感，怎么会有吴有训如此卓越的成就呢？

幸福人生全球教育集团董事局主席杜士扬说："世界上最幸福的事情是彻彻底底地了解自己的追求和梦想，并依托自己的天性和才华，让梦想得到实现，让才华得到彰显。"正是因为梦想，人们才在人生路上不断地创造，超越自我，成就辉煌，而清华的传奇则不断地向世人传达着这种正能量。正是清华人凝聚而成的精神能量推动着他们在社会的各个领域不断地进行创新、突破，取得一个个骄人的成绩，同时也成就了今天的百年清华，这种正能量让清华人感到无比的自豪。

　　"谁还记得童年阳光里那一朵蝴蝶花，它在你头上美丽地盛开，洋溢着天真无瑕。"当这美妙的音乐传到耳朵里的时候，人们都会情不自禁想起那个清华的追梦少年——卢庚戌。卢庚戌1989年以营口市第一名的成绩进入清华，在清华园，他贪婪地学习文化知识，在一次校园歌手大赛上，卢庚戌意外地发现了自己的歌唱天赋，并找到了一种被称为梦想的东西，这种东西能够全新地、酣畅淋漓地表达自己的人生，卢庚戌是如此着迷。可是毕业后，卢庚戌进入了纺织行业工作，这一切离他的梦想越来越远，没有吉他、没有歌声的生活让他无所适从，每天都无精打采。经过慎重的思考，他决定辞职，去追逐自己的梦想。为此他父亲苦口婆心地劝他，让他不要"不务正业"。女朋友还挖苦他说："你长得又不漂亮，不要一天到晚做白日梦，好不好？"卢庚戌这样回答女友："一个人只有做自己喜欢的事，才能发挥他最大的潜能，人丑和我的歌曲没有关系，我的歌曲迟早都会被大众认识的，请支持我。"之后卢庚戌开始了他的寻梦生涯。上天总是不会辜负有心人的，卢庚戌在一次演出中引起了喜洋洋公司老板的注意，于是他成为了喜洋洋旗下的一名歌手，并在1999年创作了自己的第一张专辑《未来的未来》，2001年与自己的校友李健组成了著名的组合"水木年华"。在梦想的指引下，卢庚戌才思如涌，创作了大量脍炙人口的歌曲，如校园民谣经典《蝴蝶花》，毕业歌曲《启程》、《再见了，最爱的人》等。因为梦想，卢庚戌创作出了大量的经典歌曲，他的这种逐梦精神影响了一届又一届的清华学子。

　　一个人有梦想是可贵的，而更为可贵的是还要肩负为民族争光的历史使命，这就会引领自己走向伟大。在中国，这样的人数不胜数。只要有梦想，带着自己的梦想，到祖国和人民最需要的地方去，专注于自己的专业领域，发挥聪明才智，就会创造出一个个令人意想不到的新成就。我国伟大的铁路设计师詹天佑正是这种精神最好的诠释。詹天佑从小就对机器产生了浓厚的兴趣，他于 1877 年考入耶鲁大学的土木工程系，主攻铁路工程，学成后回国，当时的中国现状惨不忍睹，帝国主义试图通过修建中国铁路的方法，达到瓜分中国的目的。京张铁路是一条极具经济价值和政治价值的铁路，许多外国人并不看好中国人能自己修建铁路，甚至还有很多外国人嘲讽，说中国还没有能修建京张铁路的工程师。在沉重的民族历史使命下，詹天佑出任了京张铁路的总工程师。

修建铁路一直是詹天佑的梦想，而此时恰好给了他实现这一梦想的机会。后来，詹天佑克服重重困难，创造性地发明了"之"字型铁路修建模式，成功解决了施工中遇到的复杂问题，使得京张铁路建成，并于 1909 年通车，这一项伟大工程的竣工震惊了全世界。京张铁路是中国第一条自主设计修建的铁路，周恩来高度评价詹天佑是"中国人的光荣"，他这种自主创新的精神很值得世人学习。因此说，梦想可以激励一个人，使命可以改变一个人，使命和梦想则可以成就一个人，它让人不断创造、创新，从而成就辉煌。

清华人心怀梦想，肩负历史使命，在经济、文化、科学等领域，艰苦奋斗，刻苦钻研，创造了一个又一个辉煌，有茅以升的桥梁建造、邓稼先等人的"两弹一星"、华罗庚的数学成就等等，这些卓越的科学成就，不断激励后来清华学子肩负起时代的使命，不断为二十一世纪的新中国创造出超越世界水平的科学成就。使命和梦想赋予了清华不断向上的创新精神，这种正能量也正在被大众所吸收、学习。相信不久的将来，中国大地上，承前启后的清华人会为国家、为社会、为人民绘就出更辉煌、更灿烂的明天。

4

古今贯通是清华人引以为豪的能量源

纵观世界教育史，清华大学的历史和其他世界一流大学比较起来并不算长，但是在一百多年的岁月里，清华为中国培养了众多学术界的泰斗、兴邦能士、治国之才，为新中国的建设作出了杰出的贡献，同时也造就了今天清华的百年辉煌。清华能够取得如此绚烂的教育成就，原因众多，其中的一点就是清华的"中西汇融，古今贯通，文理渗透，人文日新"精神。"西山苍苍，东海茫茫，吾校庄严，巍然中央，东西文化，荟萃一堂"，清华校歌将中西古今融合，人文日新精神转化为大家都能接受的音乐旋律。在校歌精神的指引下，清华的全体师生们都体现了这种学贯古今、人文日新的精神风貌。开放、贯通、融汇、日新，可以说是流淌在清华血脉中的基因，也是清华人引以为豪的能量源。

清华校长梅贻琦先生是清华前身"游美学务处"派出的第一批留学生，1931 年任清华校长，开创了黄金时代的"清华名片"。他强调大学教育在于通而不在于专，倡导和实践中西融汇、古今贯通、文理渗透、人文日新的教育观念。在这样的教育理念引导下，清华不断涌现出优秀的学者。后人将他称为"中西汇融，古今贯通的真君子"。

古今贯通的这个能量源，我们在初识清华的时候就能感受到，认识一所大学，重要的不是要看校园有多漂亮，占地多少亩，而是要去理解其校训。清华人以源远流长、博大精深的中国传统文化为根基，借用古训简练的语言去表达近当代清华人的世界观、人生观以及对事物的信念和精神，精要地概括出"自强不息，厚德载物"的校训，这也是清华人引以为豪的能量源泉。这个校训在今天依然被清华人当作精神信念，而且，其内涵在今天得到了更加完善的发展。在一段时期里，文化界的复古风潮盛行，且中国信息闭塞，也使清华这种古今贯通、人文日新的精神受到阻碍，但都是暂时的，由于清华独特的基因，它正在等待某个时机的怒放，创造新的活力，把古今贯通、人文日新的这种精神继续传承下去。

改革开放后，清华以一种兼收并蓄的态度对待古今学术，不断地推陈出新。清华重建人文学科，组建人文学院、国学院、新闻传播学院等等，这些学院不断地发展壮大，清华在这样的情况下完成了古今融汇、文理渗透的学科布局。而且，贯通古今、人文日新的教育理念不断地内化成清华性格，使清华立足中国，推陈出新，面向世界，并作为清华传统教育的能量源，不断地给清华人和国家注入强大的生命力。

古今贯通，需要人文日新的创新精神。在清华大学大礼堂墙上有一块匾，匾上写着"人文日新"。这是清华校箴，体现着清华学子勇于创新、与时俱进的精神。人文日新，即要贯通古今，让文明与日俱新，清华人当以改造社会建设祖国为大任，促进个人事业和母校建设发展，核心和关键就是一个"新"字，在清华发展的过程中，这个"新"一直伴随着清华，是支撑清华辉煌的正能量之一。校长梅贻琦倡导的"古今贯通、中西融汇"，把清华引入人文学科，使清华向着综合性的大学迈进，这一系列的求新精神在当今时代尤显重要。全国教育劳动模范黄克智院士就是清华人求新的代表人物之一，黄克智也是清华首届突出贡献奖的获得者，他五十岁开始研究断裂力学，75岁之后开始研究纳米理学，如今仍在坚持探索性工作，这种创新的精神在清华人身上得到了一代又一代的传承。年轻的清华人、工程院院士王浩说："使我最有成就感的事情可以用两个字概括，那就是'创新'。一个人要取得成功，必须坚持服务祖国、服务人民，在求实的基础上创新。"

古今贯通也需要不断学习西方文化，做到海纳百川，博采众长，正如梅贻琦所倡导的"中西融汇"一样。正因为清华不断学习西方文化、博采众长，才得以成就今天的辉煌。从清华的历史中可以看出，清华初期的发展就显现出西方文化的影响，而清华有着海纳百川、博采众长的胸怀，并且不断弘扬和发展着本国的传统文化。以四大国学导师王国维、梁启超、陈寅恪、赵元任为代表的清华学者，他们主张中西兼容、古今贯通、文理渗透，对清华的发展产生了深远的影响。在中国教育史上，早期建立的一批大学，包括清华在内，在不断理性地吸收外来文化的同时，也在整理本国传统文化中精粹的部分，使两者有机融合在一起，推动中国向现代化国家迈进。清华的前身是由庚子赔款的退款建立的，如果用冷静的目光看待美国这一举动，它也是想通过文化的渗透，达到侵略中国的目的，办学的方式照美国的进行，自然而然就有了美国文化的烙印。在寻求救国救民的道路上前进的广大知识分子，在这样的背景下不光学到了科学，也拓展了看整个世界的眼光，刺激了马克思主义在中国的传播。毫无疑问，这也使清华得到了空前的发展，并深深地影响了清华人。

雷海宗是"中西融汇、古今贯通"这一传统清华精神落实得最到位的代表人物之一，雷海宗一生从事历史教学研究工作，是中外驰名的历史学家，以博闻强记、兼通古今著称。雷海宗秉承清华追求真理、锐意创新的精神，勇于发表个人意见，将西方的新理论运用到研究中国和世界历史中，改造旧史学，创建新史学。雷海宗主张博古通今，学贯中西，认为历史学家要有广博的知识，才能在专门的领域进行精深研究，他发表了多篇文章，如：《张伯伦与楚怀王》、《雅乐与新声：一段音乐革命史》、《司马迁与史学》、《全体主义与个体主义与中古哲学》、《古代中国外交》、《海战常识与太平洋大战》、《中国古代制度》、《近代战争中的人力与武器》、《法属非洲——西方的第二战场》、《世界战局总检讨》、《历史过去的释义》、《春秋时代政治与社会》、《两次大战后的世界人心》、《欧美民族主义和前途》、《理想与现实》等。这些文章的发表印证了他学贯中西、博古通今的主张。而这种"古今贯通、中西融合"的精神似乎已经变成清华人与生俱来的基因，并且生发成一种正能量，让清华人更加充满朝气和生机。

　　古今贯通，中西融汇，人文日新，是推动中国社会五千年来向前发展的能量源，也是近年来中国文化建设、学术创新、科技发展的前提，同时也是科学创新、教育创新的条件。清华正是因这种"古今贯通，中西融汇，人文日新"的精神而至今辉煌，这也是清华能够不断发展的能量源之一。

5

创新氛围是支撑清华优良学风的不二法则

　　一所大学能长盛不衰最重要的一点就是要有优良的学风和校风。清华从如火如荼的战争中走出来，以"自强不息，厚德载物"为校训，承前启后，不断开拓，不断创新，在几代清华人的努力下，形成了"严谨、勤奋、求实、创新"的学风，这是清华人一笔宝贵的财富。

　　学风是一所学校的重要组成部分，也是一所学校的灵魂所在，它是一所大学传统理念、办学思路、发展走向的集中体现，是一所学校教育水平的反映。如果一所大学想要成为世界一流的大学，那么学风建设就是重中之重。清华人正是通过他们"严谨、勤奋、求实、创新"的优良学风铸就了清华的百年基业。从清华的发展史中人们可以学习到很多东西，它让人们明白应该怎样去汲取清华的正能量，让人们变得更加优秀。奥运冠军张怡宁就深刻地汲取了清华的良好风气，铸就了自己良好的品格。1993 年进入国家队，2001 年荣获第五届女子世界杯冠军后，连续获得 19 个世界冠军。后来她在总结自己前面的经验时这样说道："我是把所有的错误都犯过以后，才知道不能这样走。四年里，感觉路走得特别艰辛，有过成功，也有过失败，积累了很多东西。特别是从 2003 年到 2004 年这一年，我有过状态最好的时候，也有最不好的时候，什么样的球都赢过，什么样的球都输过，这些经历都成了我最宝贵的财富。"对于张怡宁来说，领奖台是一种精神的高地，一种品质的巅峰，正是因为张怡宁勇于攀登、敢于战胜自我、坚定不移、执著追求的优良品质，使得她终于如愿以偿，成就了自己人生的辉煌。

　　同样，清华优良学风之所以日久弥新，关键是清华的创新氛围给了她源源不断的能量，可以这样说，创新氛围是支撑清华学风的不二法则。马克思主义唯物辩证法告诉我们，事物的发展是内外因共同作用的结果，这说明环境对一个人的影响，甚至对一个学校的影响是有着举足轻重的作用的。一个简单的例子即可说明，两个人，一个在人类社会中成长，而另一个和动物一起成长，等他们都成年后，就会发现，在人类社会中成长的孩子学会了在人类社会生存的技巧，而和动物生活在一起的孩子就会拥有动物的习性，由此可以看出，环境对人、对一所学校的重要性。清华"严谨、勤奋、求实、创新"的学风，没有良好的氛围也是难以形成的，所以，创新氛围是支撑清华良好学风的关键。

　　清华大学校长王大中在接受媒体采访时指出："清华和世界一流大学还有很大差距。具体体现在三方面：第一，原始性的创新成果太少；第二，师资队伍相对落后；第三，博士生水平相对落后。虽然我们论文发表了不少，可是我们原始性创新做得实在不够，这一点相当关键。"从王大中校长的话语中，人们可以领悟到创新需要营造良好的创新氛围，这样才能激发创新的活力，才能让清华的明天走向繁荣，这样才能更好地传承"严谨、勤奋、求实、创新"的清华优良学风。

　　创新意味着变革，创新意味着弃旧迎新……但无论怎样，都是需要一个良好的环境和氛围的。一提起 IT，人们都会把目光投向美国的硅谷，美国硅谷是世界电子工业和计算机工业的王国，因为那里总是不断地生产出世界上最先进、最好的产品。美国硅谷拥有雄厚的科研力量，并以世界一流的大学为依托，营造了"允许失败的创新，崇尚竞争，平等开放"的创新环境，硅谷成为创业者的摇篮，激发高科技人才的梦想和灵感，先进的产品不断诞生也就不足为奇了。硅谷的科技发展是世界任何一个国家难以媲美的，它吸引着全世界的高科技人才不断涌去。中国也学习美国，在北京建立了中关村，以清华大学为依托，以 IT 为目标。所以，创新氛围在创新中特别重要。良好的创新氛围能给创作者带来无尽的灵感和才思，能给像清华这样的学校不断创造辉煌机会，能够让中国加速实现现代化的梦想。

清华的成功得益于它传递给清华学子、乃至国民的 "严谨、勤奋、求实、创新"的正能量，而这种正能量也得益于清华人不断营造的创新氛围的支撑。在社会发展突飞猛进的今天，创新，成为社会竞争的自然选择。不管是个人、企业、学校还是国家都开始意识到创新的重要性，都在有意识地注重培养创新氛围，以求在激烈的竞争中能获得一方领地。清华大学计算机科学与技术系以"营造创新氛围，强化人才优质培养"为办学理念，足以见其对创新氛围的重视。改革开放后，计划经济向市场经济转变，许多国有企业固守陈规，在市场经济的冲击下走向破产，但是有些国有企业能够顺应社会的变化，转变思路，勇于创新，在竞争中不断地发展壮大。我国很多民营小企业，自知不如那些大企业，于是，领导者就有意识地给员工营造创新氛围，不断地推陈出新，经过几年的发展，逐渐脱颖而出，做强做大，最终笑傲江湖。所以，创新氛围是创新的奠基石，更是个人、企业、学校、国家发展必不可少的条件。看清华百年，看的不是辉煌，而是清华所带给大众勇于创新的正能量。

6
创新求知才能一往无前

在社会发展节奏变得飞快的今天，人们更加意识到创新的意义。而事实上，不论任何时代，不管是个人、企业、还是学校，甚至是国家，要想存活下去，就必须要创新，而创新就需要无止境地学习、求知。

竺可桢 1890 年出生在浙江一个非常普通的家庭，他三岁时就学会了很多字，会背唐诗；五岁时开始接触四书五经；七岁练习写作文，文章经常改了一遍又一遍，直到自己觉得满意了为止。他嗜学如命，在上海读书期间，几乎从没请过假。母亲逝世后，为告慰她的在天之灵，竺可桢更加发奋苦读。在获得清华公费留学生的资格后，竺可桢来到美国伊利诺斯大学学习。在美国期间学习非常刻苦，且经常利用假期去美国南部考察，后来又在哈佛攻读地质学，获得气象学硕士学位。经过多年的刻苦学习，竺可桢发表了《台风中心之若干新事实》、《中国之雨量及风暴学》、《远东台风的新分类》等论文。建国后，他一边做行政工作，一边研究地学通论、气候学、气象学科学，为我国的地理学和气象学作出了卓越的贡献，给后人留下了无数宝贵的资料。竺可桢留给后人的不仅是他那些卓越的地理学、气象学成就，还有那嗜学如命的求知精神，他通过不断地求知，在获得丰富知识的基础上才能得到那么前卫的科学成就。

有人说："即使你学习一辈子，你所掌握的知识也仅仅只是海洋里的一滴水。"这说明一个道理——学海无涯。因此，人们要不断地去追求知识，超越自我。量的积累到达极限的时候就会引起质的变化。

一家钢铁企业想要知道炼钢炉里面的温度是多少，于是请来了一群工程师。工程师们想设计专门的仪器来测试温度，可是实验了很多次都没有成功。就在他们束手无策的时候，一位老师傅走了出来，他说他知道一种不用仪器就能测出炼钢炉内温度的方法。工程师们向那位师傅投去了鄙视的目光，心中说道："切，就凭你肚子里面的那点墨水？"只见老师傅口中点燃一根香烟，重重地咳嗽了一声，然后向炉壁上吐了点口水，眼睛注视着手表，过了一会儿，他就把温度说了出来。工程师们不明白他是怎么得出这样一个温度的，老师傅告诉他们，只要计算口水蒸发的时间乘以一个常数就会得出所要的温度。工程师们不以为然，后来他们研制出了测量仪器，测了温度，结果和老师傅说的一模一样，工程师们深感羞愧，有的还主动要求老师傅教他。

成功是每一个人都渴求的，然而成功并不是件容易的事，在今天的知识经济时代，要想获得成功就必须牢牢把握"求知、创新"四个字。我国著名的科学家、汉字激光照排系统工程的奠基人王选先生对成功的理解就很好地诠释了"求知、创新"的含义，他说："我想，真正的成功，还是要积累，有绝招。我一直鼓励这些年轻人，需要长期积累，在年轻的时候就需要有一种刻苦的精神，而且不能够急功近利。我非常赞赏西方的一句话，心里想得诺贝尔奖，反而得不到诺贝尔奖。我当年做这一切的时候，根本没有想到报酬和荣誉。所以我始终有这么一种看法：没有长时间的积累，没有好的洞察力和执著的精神，想成就大的事业还是有困难的。"王选一针见血地说出成功就是要懂得创新，他要求年轻一代一定要有刻苦钻研的求知精神。那些成功的故事给后来者照亮了前进的道路，指明了成功的方向，只要人们坚持不懈地学习和积累，在时代的召唤下，果断拿出自己的"绝招"，定能为自己赢得成功的机会。

求知让一个人变得博学多才，求知让一个人受人尊敬，求知让一个人变得完美，求知使一个人成功。只有做到求知，才能做到创新。而创新可以让一个人领先于人前；让一个企业更快地占领市场，获得快速的发展；使一个国家变得富强。所以说，只有不断地求知、不断地积累，才符合量变的规律，才能完成一次创新的过程。求知让创新变得简单，创新的完成能让一个人、一个企业、一个学校，甚至一个国家在康庄大道上一往无前，走向辉煌。

感悟清华的智慧，接收清华释放的创新正能量，体验清华人传统的优良学风，探寻清华的成功根源，可以启迪世人的智慧，教人如何成长，从而造就完美的人生。不断激发世人、社会的无限潜力，最大程度地发挥社会资源的有用性，让世界变得更完美、更和谐。

唯物论说："物质决定意识，意识反作用于物质"。马克思精辟地向世人展示了精神在一个人成长中的作用。成也精神，败也精神。一个人在一生中的得失成败最重要的是看他是否具备了强大的精神能量。精神是一种励志成才的巨大能量，它是一个人、一个民族、一个国家发展壮大的奠基石。没有精神，个人成败、民族兴衰、国家兴旺也就无从谈起。精神的表现有很多种，比如爱国精神、大无畏精神、奉献精神等等，这是一种潜在的信念，也是一种长期发展起来、虔诚忠贞的意识形态。所以，一个人要想获得成功，就必须有大的精神体系作为支撑，而在这个强大的精神体系里面，爱国奉献精神是核心和本质。

第六章

【爱国正能量】

清华学子用满腔热血支撑起的献身精神

1

清华精神内涵：爱国就是要敢于献身

清华精神所体现出的最重要的内涵就是清华独特的、与生俱来的、不断传承发展的爱国奉献精神。清华是在民族的耻辱中应运而生的，正因为这样的缘故，清华人身上具有因民族屈辱而激发出的爱国精神，清华人立下誓言："愿牺牲生命以保护中华人民主权。"在中华崛起和复兴之路上，许许多多的清华人献出了自己宝贵的生命。被称为"真人杰"、遭段祺瑞政府杀害的清华学子韦三杰，淞沪会战中驾机撞击日本军舰的沈崇海，坚贞不屈的外交官杨光泩等这些为国献身的清华英烈，他们的爱国并不只是嘴上说说，而是随时都做好为国献身的准备。在抗日战争时期，虽然许多清华学子没有直接投笔从戎，但是他们用自己所掌握的科学技术，为中华的崛起奉献了毕生的精力，如清华校长叶企孙安排他的助手到抗日根据地研制炸药、地雷、炮弹，这些武器在战争中发挥了重要的作用。

"我愿以身许国"——清华人王淦昌在原子弹研制的问题上如是回答，他说："国家利益高于一切，国家强盛才是我真正的追求。"王淦昌是九三学社第十届名誉主席、我国著名核物理学家、中国科学院院士、"两弹一星功勋奖章"获得者。王淦昌院士是献身祖国核科技事业的楷模，为了中华民族的伟大复兴，他无私奉献、精忠报国。他的爱国情怀和无私奉献的精神激励着无数清华学子，他们承前启后，秉承"献身祖国，创新钻研"的优良传统成就了清华园的长盛不衰。王淦昌参与了"两弹"的研制，在环境条件艰苦的情况下，忘我奉献，为我国科学技术事业作出了卓著的贡献；此外，他还为国家培养了许多兴业之士，如李政道、冯平贯。王淦昌在科学上取得的卓越的成就，是有目共睹的，他不仅给国家留下了宝贵的科学财富，而且还给后人留下了宝贵的精神财富，他"以身许国"的奉献精神，热爱祖国的赤子之情，激励着一代又一代的清华人。

　　爱国献身是一种精神，更是一种情怀。在物欲横流的今天，更需要倡导这样的清华正能量。作为一个有为青年，就应该以天下为己任，到祖国和人民需要的地方去，在那里奉献自己的智慧和才华。可是现在不少人懒惰，怕吃苦，怕累，整天幻想着过安逸的生活。实际上，为国献身不一定要作出多大的贡献，只要能尽力而为，恪尽职守，做好自己的本职工作，就是为国贡献的本分。曾荣获 2005 年第二届中国十大老年新闻人物的冯志远老师，响应国家支持边疆教育事业的号召，不顾妻子的反对，自愿来到干旱荒凉的大西北任教。冯志远老师视学生如自己的孩子，有些学生买不起学习用具，他主动从自己微薄的工资中拿出钱来给需要的学生买学习用具，只为把自己微弱的能量留给那里求知的学生们，以至于和妻子的关系越来越淡，这使妻子多年来都不谅解自己的丈夫。但他这一干就是四十多年，到最后他双目失明了，可是依旧慢慢凭自己的记忆给学生们上课，直到身患重病、无法自理的地步，他才放弃了支教生涯。他说："我这一生最大的愿望是讲课，最对不起的人就是妻子。"一个老师可以如此伟大，把自己的一点一滴都奉献给了自己的祖国，这是何等的情怀和风范。相信这种献身祖国的精神也会激励一代年轻人前仆后继地奔赴到祖国和人民需要的地方，把中华民族这种勇于为国献身的优秀传统发扬光大。

　　"西山苍苍，东海茫茫。吾校庄严，巍然中央。"当听到这嘹亮的歌声的时候，会让人自然而然想起清华人那些爱国奉献的往事。新中国成立后，清华人肩负起了建设祖国的重任，他们不忘国耻，奋发向上，在祖国的各个领域努力拼搏，目的就是要让祖国强盛，洗刷耻辱。这种想法激励清华人奋勇向前，在祖国的国防事业上取得了辉煌的成就。邓稼先是我国科学院院士、核物理专家，1950 年在取得博士学位之后迅速回国，义无反顾地接受了祖国的核武器研制任务，先后担任过核武器研究院副院长、院长等职务，并指挥中国第二代新式核武器试验成功。其实，早在邓稼先读书时就一直关心着国家的命运和前途，他一边关心国家大事，一边努力学习，学成后义无反顾地为国防事业奉献自己的一生。邓稼先主要从事的是核试验的领导工作，在生死关头总会站在第一线，他的这一做法鼓舞了和他一起为祖国核武器事业无私奉献的研究人员。记得有一次，试验场降落伞出现了事故，原子弹掉在了地上并且摔出了一个很大的裂痕，邓稼先冒着生命危险亲自检验原子弹碎片。事后妻子不放心，强迫他去北京做检查，检查发现，放射物已经侵入了他的骨髓。但是他没有因此而放弃这项伟大的事业，仍然带病坚持指挥中国第二代新式核武器实验，获得了巨大成功，一时震惊全世界。回到北京后，因医治无效病逝。邓稼先曾经对妻子说："做好了这件事，我这一生过得就很有意义，就是为它死了我也值得了！"邓稼先的事迹告诉后人，爱国一定要有"以身许国"的献身精神。

清华学子在学校里受到传统的人文精神的熏陶，母校的那些爱国献身故事，令大家备受鼓舞。清华爱国献身的正能量不仅要传递给一届又一届清华学子，而且还要把正能量传播给整个民族。不一定献身才是爱国的表现，在特定的历史时期，在特殊环境条件下，只要能满足祖国和人民需要都可以。献身以求民族大义，以求天下太平，以保持高尚的爱国情操，此时应当献身。在祖国现代化建设时期，就需要国人用自己的才华献身于祖国需要的各个领域，找到一个人自身应有的价值，实现甚至超越这个价值，此生就死而无憾。相信以清华精神内涵为主导，清华人定能担负起振兴中华民族大业的重担。

2

清华人对国家虔诚备至——将自己奉献给祖国

1914 年梁启超在清华演讲时，以《周易》中的"天行健，君子以自强不息"和"地势坤，君子以厚德载物"勉励学生，清华的校训由此应运而生。如今清华校训被解释为"奋发图强，勇往直前，争创一流，崇尚团队精神，兼有厚实的美德和宽阔的胸怀"。在清华人的努力下，清华形成了爱国、奉献的光荣传统，向世人传递出清华人对国家心存虔诚，为祖国奉献自己的爱国主义的正能量。同时表现出了中华民族传统的爱国主义精神，也给如今爱国主义价值观缺失的人上了一课。

虔诚的爱国主义自古有之，清朝道光时期，英、法、美等国的殖民主义者，在与中国的贸易往来中难以获得利益，为了达到自己的目的，纷纷向中国走私鸦片。其用心和目的昭然若揭，一是掠夺中国财富，二是想占领中国这块诱人的原料产地。当时很多有识之士都看出了英、法、美殖民者的用心，纷纷上书道光帝，请求查禁鸦片，而这一批有识之士中，当属林则徐立场最为坚定，他说："再不禁烟，中国就不会有白银当军饷，就不会有强壮的士兵抵抗侵略了，为了国家的尊严，必须禁烟。"于是道光帝命林则徐为钦差大臣，全权处理鸦片事务。林则徐受命前往广州调查鸦片走私情况，并发布通令：外国商人将所有鸦片如数上缴，并保证不再运鸦片到中国，否则予以严惩。这个通令只对一些英国人起了作用，仍有部分顽固派不愿意执行。林则徐当机立断，果断维护国家主权，中断与英方的贸易并不再向其供应食物和水，英国人别无他法，只好缴出鸦片。

1839 年 6 月 3 日，林则徐把收缴来的鸦片放到虎门海滩予以销毁，这就是著名的"虎门销烟"。这个举动大大提高了国人的民族自信心。林则徐以他坚定的决心和无比的勇气坚决维护了中华民族的尊严。由此可以看出，自古以来爱国主义是中华民族的传统精神，有了国家的强大，才有个人存在。正所谓"皮之不存，毛将焉附"，近代血淋淋的屈辱史就是最好的证明。

当代文学家、翻译家巴金先生说过这样的话："我爱我的祖国，爱我的人民，离开了她，离开了他们，我就无法生存，更无法写作。"这句话表现出他对祖国是何等的热爱。人纵有一死，或轻于鸿毛，或重于泰山，宋代李清照诗曰："生当作人杰，死亦为鬼雄。"学术不分国界，却有国别，那些伟大的科学家之所以伟大，正是因为对祖国有着强烈的荣誉感和爱国情怀，这种爱国情操是值得国人学习和尊敬的。

世界著名数学家华罗庚，在新中国成立之际，毅然放弃了美国优越的生活，冲破美国政府的层层阻碍，乘船回到了祖国，并致信给留学美国的学生，鼓励海外学子学成后报效祖国。华罗庚曾担任清华大学数学系主任，筹建数学研究所，为中国培养了陈景润、王元等世界知名的数学家，并发表了多篇有世界影响力的论文，还发起创建了我国的计算机技术研究所。到了晚年，虽患有心肌梗塞，但是仍孜孜不倦地为祖国勤奋地工作着。1985 年 6 月，华罗庚应日本交流协会的邀请，率代表团访问日本，并在东京大学报告厅做演讲。在报告中，华罗庚神采飞扬，通过流利的中文和英文讨论了有关的数学问题，他洪亮的声音，精湛的论述，让人为之倾倒，会场时常爆发出热烈的掌声。人们都沉浸在华罗庚深入浅出的演讲中，为能听到这样伟大的数学家演讲而感到满足，人们不断用响亮的掌声向这位伟大的数学家表达自己的敬意。华罗庚越讲越兴奋，原定只有四十五分钟的演讲，在大会主席的同意下又延长了二十分钟。在雷鸣般的掌声中，他突然说了一句难以听清的话就从座椅上倒了下去，永远离开了我们。华罗庚这种为学术、为祖国虔诚备至的精神是清华人的一个缩影。

每个人都有雄心壮志，都不愿苟活于世，都希望有一个不平凡的人生，而这种不平凡人生的体现，不就是需要有深厚的爱国主义情怀吗？从清华学子贺霖身上可以看到一个青年人应有的抱负、志向，这给当代中国青年带来了励志的正能量。他说："把自己的聪明才智奉献给自己的国家和民族，这才是一个清华人应有的追求和理想。"贺霖2005年7月毕业于清华大学，获管理学硕士学位，2006年获南昌陆军学院军事学学士学位，现任南京军区某部连长。贺霖在初中时就迷上了《孙子兵法》，因为父亲是军人，受其影响，从小就对军事产生了浓厚的兴趣。1999年发生了一起令国人难以忘怀的事件，以美国为首的北约用三枚激光制导导弹轰炸我国驻南斯拉夫大使馆，这事件影响了当时像贺霖这样的热血青年，重塑了他们的价值观。事件发生后，青年学生义愤填膺，自发到美国使馆前用自己的方式表达了中国青年的爱国热忱。2004年"台独分子"气焰嚣张，这极大地刺激了贺霖，更加坚定了他要为祖国的繁荣富强奋斗终身的信念。面对他人的质疑，他发出这样的反问："面对严重阻碍中华民族伟大复兴的"台独"分裂势力，难道我们能袖手旁观吗？"他说："作为一名时代青年，特别是一名清华的学子，钱多钱少不是衡量人生价值的唯一标志，舒适的生活更不应该是当代清华人的唯一追求，只有到祖国最需要的地方去，把自己的聪明才智奉献给自己的国家和民族，才是清华人应有的追求和理想。"他毅然请求将自己分配到祖国和人民最需要的地方去。这正是清华传递给社会的爱国主义正能量，国人要向清华人学习，以清华人为榜样，继续传播清华无私的爱国主义精神。

身为二十一世纪的青年，要有为祖国奉献的决心，这样才有大境界，才有大作为。别人说细节决定命运，格局也可以决定命运。乡野村夫和国家兴业之士的区别在哪里，他们有着同样的智慧，同样是生活，却有着不一样的人生，这一切都因为他们的格局不一样。乡野村夫整天想着个人的私事，想着怎样把自己的一亩三分地种好；而兴业之士则想着怎样把自己的聪明才干奉献给国家，不留私利，甚至为国家奉献毕生精力。清华人心存国家，无私地把自己奉献给国家，让世人深刻感受清华的精髓所在。

3

清华人牢记：天下兴亡，匹夫有责

"有亡国，有亡天下。亡国与亡天下奚辨，曰：易姓改号谓之亡国，仁义充塞而至于率兽食人，人将相食，谓之亡天下。"这是出自顾炎武《日知录》中的一段话，同时也是顾炎武整个思想历程的精髓，他旨在向世人宣扬"天下兴亡，匹夫有责"的爱国主义思想。大家都知道，清华大学自建校以来就与国家命运、民族兴衰紧紧地捆绑在一起了。"庚子赔款"的民族屈辱激起不断发展的民族救亡运动，也使清华学子树立起"天下兴亡，匹夫有责"的信念，踊跃地投入到救国救民的历史洪流中，这也是清华大学立校精神的源泉。共产党员施滉是清华最早的留美学生，同时也是众多优秀清华学子的代表之一。在清华大学图书馆老馆大厅的北壁上镶嵌着一面大理石纪念碑，上面有着这样的诗句：

> 他是清华最有光荣的儿子，
> 他是清华最早的共产党员，
> 他为解放事业贡献了生命，
> 施滉的革命精神永垂不朽！

施滉是云南普洱人，他怀着"天下兴亡，匹夫有责"的伟大志向，考入清华。他好学深思，成绩优秀，同时又热心公益，乐于助人。在其入学第二年爆发了俄国十月革命，这一革命在中国引起了剧烈的反响。在新思潮的影响下，他开始思考中国国情和社会问题。1919 年五四运动爆发，他毅然和许多清华学子一起投身于轰轰烈烈的爱国运动中，在运动中他认识到了社会的黑暗和斗争的残酷，怀着救国救民追求真理的热情，他组建了"唯真学会"，以"改良社会、追求人类"的真幸福为宗旨。在唯真学会内部又成立了一个名叫"超桃"的秘密核心组织。他们强调集体主义精神，有严格的纪律，并且针对当时清华学生中"科学救国"、"教育救国"等思潮，提出了"政治救国"的主张。

1927 年施滉在赴美留学期间加入了中国共产党，1930 年，他回到中国，在中央做翻译工作， 1934 年初牺牲在南京雨花台。施滉在他的生命中，表现出了一个共产党员、清华学子应有的高贵品质。像施滉这样的有志之士在清华校园随处可见。

新民主主义革命时期，许许多多清华学子不忘救国，许多学子甚至献出了自己年轻的生命。五四运动后，新思潮涌入了清华校园，压抑在清华学子中的爱国情感像黄河之水一发而不可收拾。他们成立了学生救亡团体，积极提出政治救国的主张，寻求马克思主义真理，使当时的中国气象大变，形成了波澜壮阔的爱国主义学生运动。在三·一八惨案中年仅 23 岁的韦杰三不幸牺牲，临终前他说道："我心甚安，中国快强大起来。"抗战爆发后，清华大学被迫西迁，组成长沙临时大学、西南联合大学，在民族越是危难之际，清华学子的爱国热情就越是势不可挡，在此期间先后出现了三次大的抗日救亡、从军热潮。校方为适应战时需要，决定"凡服务国防有关机关者，得请求保留学籍。其有志服务者，并得由学校介绍"。于是，不到两个月，提出申请保留学籍、领取肄业证明和申请参加抗战工作介绍信的就有 295 人。这些同学的去向大致分为两类，学习工程技术的同学大多到军事系统从事技术工作，其余的大部分都参加了战地服务团，还有一些同学去延安学习和奔赴敌后抗日根据地。

1941 年初，为支持中国远征军，清华学子积极申请成为战时特别稀缺的翻译官，清华学子的这一举动极大地支援了滇缅抗战。抗战结束后，为了纪念第二次世界大战期间中国战区对亚洲战场的贡献，美国总统于 1945 年 7 月 6 日预立指令，授给作出卓越功绩的人员以铜质自由勋章。在 52 名受奖的上尉翻译官中，西南联合大学学生有 10 人。由此可见，艰苦卓绝的斗争铸就了清华人万众一心、和衷共济的团结精神，舍生忘死、前仆后继的牺牲精神，极大地丰富了中华民族的精神宝库，也给后人带来了无可比拟的正能量。

在和平年代，清华人也始终牢记"天下兴亡，匹夫有责"这一精神，尽管他们没有经历过战争和民族的屈辱，但是历史是警示世人最好的镜子。清华人牢记历史，以史为鉴，总结历史的经验教训，不断地发展自我，状大自我。著名的物理学家钱学森，是世界著名的火箭专家，中国航天事业的奠基人，是在和平年代践行"天下兴亡，匹夫有责"精神的清华人之一。1929 年，钱学森考入上海交通大学机械工程系，他觉得中国之所以落后主要在于经济技术的不发达，相比之下，日本之所以能迅速崛起完全是因为科技的进步。抱着"天下兴亡，匹夫有责"的信念他决定到西方深造，学成后改变中国落后的面貌。钱学森 1935 年赴美留学，次年获得麻省理工学院硕士学位；1938 年获得加利福尼亚理工学院博士学位；1950 年回国。为了回国，钱学森饱受屈辱。回国后，在他的倡议下国家成立了导弹研究院，研制我国第一枚中近程导弹。1966 年，中近程导弹运载原子弹的"两弹结合"飞行实验获得成功，1970 年研制出我国第一颗人造卫星，钱学森被誉为"中国导弹之父"。正是有了像钱学森这样不懈努力的清华人，才能不断把清华推向一个个历史高度，也成就了清华的百年基业，这是现代清华人引以为豪的地方，也是中国人学习和自豪的资本。

"天下兴亡，匹夫有责"是清华人在特定的历史文化背景下志与道的精神体现，也是以后清华人放眼天下的立志语录。这种志与道的精神影响着一代又一代的清华学子，培养出清华人修身齐家治国平天下的高尚情怀，也影响了清华人看待各种事物的眼光，这种精神让每一个清华人都具有一种大胸怀的豪迈气质，这也使得清华的正能量光照四方，造福于人民。

4

满腔热血是清华学子心系国家的最好见证

从清华出来的人个个都怀着满腔热血，带着满腹经纶，为中华崛起尽自己的一份力量。他们有的在战争前线牺牲了，新中国建立后，清华人用自己的满腔热血，报效祖国，经过不懈努力，取得了一个个让世人瞩目的成就。原子弹的研制是我们国家国防的一项重要任务，也是保卫国内休养生息、发展经济的利器，所以核武器研制对于我国来说是至关重要的。核武器的研制也是一项艰难的科学公关，因此钱三强、王淦昌、邓稼先等一批爱国有志之士，组成了核武器研制的核心力量，准备攻克这一艰巨的国防难关。在艰苦的条件下，他们自力更生、刻苦钻研，克服了重重困难，如期实现了预定目标。清华人这种甘愿付出、默默奉献的爱国主义精神，打造了我国国防建设和军队现代化发展历程上的一座座丰碑，他们将受万人敬仰，他们的精神永垂不朽，他们这种心系国家的崇高爱国精神也会载入史册，为世代炎黄子孙所牢记。

抗日志士陈辉曾经写过一首豪情万丈的爱国诗："英勇非无泪，不洒敌人前。男儿七尺躯，愿为祖国捐。"这是多么有气魄的诗句，它表达了一个真正的男子汉，要做好抛头颅洒热血的准备，心系国家，在祖国和人民需要的时候挺身而出，才是一个有识之士所为。在清华，关注国计民生，心系国家，刻苦钻研，成为广大师生的普遍理念，他们坚信成功和辉煌是要建立在国家富强和民族复兴大业的基础上，他们满怀激情，艰苦奋斗，抱着一种为国家繁荣昌盛视死如归的决心。

1914 年，孙立人以安徽省头名状元的身份进入清华，此时的他看到国家蒙难，人民陷入水深火热之中，一腔报国情怀油然而生。他从清华毕业后赴美留学，不顾父亲的反对，申请进入西点军校。当时的国内是军阀混战，人民苦不堪言，因此其父亲对北洋军阀甚为反感，但是远隔重洋的父亲鞭长莫及。经过三年的学习，孙立人成功从西点军校毕业，回国后先后担任国民党军政要职。他将所学应用于实践，在训练军队上，孙立人把中国传统教育和美国军校教育的方式结合起来，形成了独具特色的训练操典——"孙氏操典"。1937 年，抗日战争全面爆发，孙立人率军参加了著名的淞沪会战，在血战中被日军炮弹击成重伤，昏迷了几天后被送到香港救治，伤愈后归队。之后率军远征祖国的西南边陲，为保卫滇缅公路做出了巨大的贡献。在军队里，孙立人总是用清华的爱国精神教育部下，不断激励部下。孙立人的部下在其精心训练下，个个充满浓烈的爱国主义情怀，深明大义，愿抛头颅洒热血以拯救民族于危难之中，他们在战场上个个英勇无敌。1942 年 4 月，孙立人率领新 38 师参加了曼德勒会战。英军在仁安羌被围，孙立人率新 38 师解围，并在这一战中打出了自己的威名，英军情不自禁地高呼"中国万岁，中国军队万岁"。孙立人这种满腔热血、心系国家的精神对后人产生了深远的影响。

满腔热血是清华人心系国家最好的见证，年轻一代当以这种爱国精神不断地激励自己，这不是因为清华人的智力有多么超群，而是因为清华人总是充满正义之感，他们刻苦钻研，修身养性，正如宋代政治家、文学家王安石所言："刚烈之士之所以不同于常人，就在于他能保持节操，坚持正义，修身絜行，言必由绳墨。"在新时代，时代赋予当代年轻人不同使命，此时已不需要年轻人抛头颅洒热血，但是需要年轻人奋发向上，刻苦努力，怀着满腔热血，投身祖国各个行业的建设之中。在行事中，要富有正义感，敢说敢做，积极为国家建设建言献策，不管身在何处都要心系祖国，发挥自己的才华，为人民大众谋利益，这是一个二十一世纪新青年需要拥有的高尚情怀。如此一来，国家何愁不强大，民族复兴也只是时间的问题了。

5
敢于为国家献身是清华人根植于心的崇高情怀

有一场战争，它耗时一百多年，最终以罗马人的胜利告终，这就是罗马人和迦太基的百年之战。这场耗时一百多年的战争给罗马和迦太基都带来了极大的损失，尤其是罗马受创特别严重，国家数次濒临绝境，但是有一样东西拯救了罗马人，那就是他们根植于心的为国家献身的崇高情怀。正是这种精神，支撑罗马人一次又一次渡过难关取得了最终的胜利。在一次海战中，罗马军队死伤达十万之多，几乎摧毁了罗马海上的有生力量，罗马家家户户几乎都有人在这次战役中阵亡。但是他们并没有退缩，而是凭着爱国奉献精神，仅仅用了两三个月的时间就重建了海上力量。在国库空虚的情况下，家家户户自行捐赠，这一切只是因为爱国的高尚情怀在激励着罗马人奋勇前进。

在罗马陷入严重的危机、没有士兵再去战斗时，罗马首领的一声号召，13万罗马人民中报名参军的就有10万，罗马立刻拥有了21个军。正是这种爱国献身精神，成就了罗马人最后的胜利和后来罗马帝国的辉煌。而罗马的对手迦太基，是一个工于算计的王国，是一个靠商业投资发展起来的王国，所以迦太基人的生活非常富裕，但是也养成了迦太基人贪生怕死的劣根性。在战争中，迦太基人不太愿意过军旅生活，需要战争了他们就雇佣其他民族的人来替他们打仗，因为他们很在乎自己的性命，而其他民族在他们眼里只是一件商品，这一因素决定了罗马和迦太基战争的胜负。一次海战中，迦太基人仅是小败，他们向罗马人求和，宁愿接受那些不平等的条款，以换得短暂的和平。

经过两次残酷的大战后，罗马渐渐发展并壮大了自己的力量。在第三次双方对决中，罗马以十倍于迦太基的力量进攻迦太基，这时候的迦太基人齐心协力，誓死保卫自己的家园，爆发了极强的战斗力，当时的迦太基人包括妇女、老人甚至孩子都上了战场。

假如迦太基人一开始就有视死如归的爱国献身精神，又怎么会导致如此严重的后果呢？假如罗马没有视死如归的爱国精神，又怎么会在那么艰难的情况下渐渐壮大，最终取得战争的胜利呢？

唇亡齿寒，一旦国家没有了，那么人民也会跟着遭殃，而相反国家富强了，民族也会跟着兴旺，人也会活得有安全感、自豪感。不管任何时候，个人的舒适度都是与国家息息相关的。近代的中国，国家陷入危难之中，大地上硝烟弥漫，每天都会有失去生命的危险，在这样的环境下人民终日担惊受怕。新中国建立后，国家百废待兴，人民生活状况处在一个很低的水平，这样的环境也无法拥有安全感和自豪感。改革开放以后，国家发展很快，人民生活水平提高，此时人们才真正地过上了舒适的生活。

"我家里的条件很不好，如果没有党和政府对我的帮助，可能我已经辍学在家。现在我还只是一名普通学生，但心里已经埋下报答祖国母亲养育之恩的种子。今天，我要把我的感激之情唱出来，没有党和国家，就没有我的今天……"这是宁夏穆斯林国际语言学校回族学生说的话，这段话很好地说明了国家和个人的关系。所以任何时候都要有爱国奉献的精神，要把献身的爱国精神植根于自己的心中。爱国奉献精神在新的时期，会有新的内涵，因为爱国奉献精神并不是一成不变的，它是与时俱进的，是需要国人灵活运用的。这种植根于心的爱国献身精神在清华人身上体现得淋漓尽致：他们有的投身科技，有的支援边疆教育事业，有的投军报国，巩固祖国国防，有的投身于医学，发展祖国国粹……清华人王刚就是其中之一。王刚1993年本科毕业后，2005年再次进入清华攻读博士学位，现在的王刚正投身于祖国的军事科研领域，在海军工程大学船舰综合电力技术国防科技重点实验室工作。王刚说："我渴望投身于祖国的军事科研领域工作，渴望实现自己的人生价值。更重要的是，我希望在新的时期，践行清华根植于心的爱国献身精神，为祖国、为人民和国防作出最大的贡献。"

清华的爱国献身精神从小处着眼于指导人们在生活中的行为处世，被我们应用于现在的职场生活、学生生活、家庭生活。职场生活中，去公司上班简单说就是为了生存，所以有些职场人就不在乎公司发展的状况怎么样，公司的命运会如何，他们就只想每月在老板手上拿到那点微薄的工资，每天只要能完成工作，也不管工作的质量如何，这样的工作能否给公司带来效益，都与他无关。没有植根于心的为公司献身的精神，工作环境不但没有改善，只能拿到那么一点点固定工资，而且还有被公司解雇的危险。在学生生活中，没有为学校、为同学献身的精神同样也会面临一个很尴尬的境地。作为学生，主要的职责就是学习，因为只有学有所成才能为学校争光，学校也会因为你而发展壮大，而学校发展了，整个国家的教育水平也会跟着发展。所以，作为一个学生必须要有根植于心的献身精神。

清华精神，照耀万代，清华精神向世人传递的正能量太多，需要世人一点点深入地去解读，去感悟，因为敢于为国家献身是清华人植根于心的崇高情怀，而它传达出的仅仅是清华正能量中的百分之一、千分之一，甚至是万分之一。清华带来的每一点正能量都可以被世人应用于各个方面，为人生汲取更多的营养。只有在实践中不断学习，不断升华，才能真正感悟到清华带给人们的正能量。有人这样说过："世间最惧怕的是什么？那是心。"清华人正是将为国家献身的精神根植于心，一代代清华人才能创造出一个个辉煌的历史，这是可敬的，也是伟大的。

在一个集体中，每个人都是为了一个共同的目标，并且，他们互相影响，互相帮助，团结一致，为了实现共同目标而一起努力。说到集体，浮现在大家脑海中的可能就是我们的班集体，或者是社会团体，这些都是集体，它们都有着一致的目标，强大的凝聚力。但是，现在在社会上拼搏的人们，还有多少人会一直拥有这种集体主义精神呢？可以肯定的是，清华学子的身上都始终保持着这种集体精神，他们相信团队的力量是伟大的，而且也只有懂得抱团取暖的人才能获得成功。清华大学的校友之情、师生之情以及学子与母校之间的感情，都不是仅仅局限于在校那几年，那段在校时间只是基础，毕业后这些情感仍然在延续，并不断地加强加深彼此的感情。清华的每个学子都具有强烈的团队合作意识，因为他们明白"团结就是力量"，不管是在学校还是步入社会之后，他们都有合作精神，懂得只有加强合作才能释放出最强的战斗力。强烈的集体主义感让他们懂得"一方有难，八方支援"的道理。清华学子们一个一个成功案例，都告诉我们只有团队共同协作、共同努力才能不断进步。他们都把集体的利益放在最高的位置，在任何时刻都牢记个人利益要服从集体利益，只有集体利益实现了，个人利益才会实现。

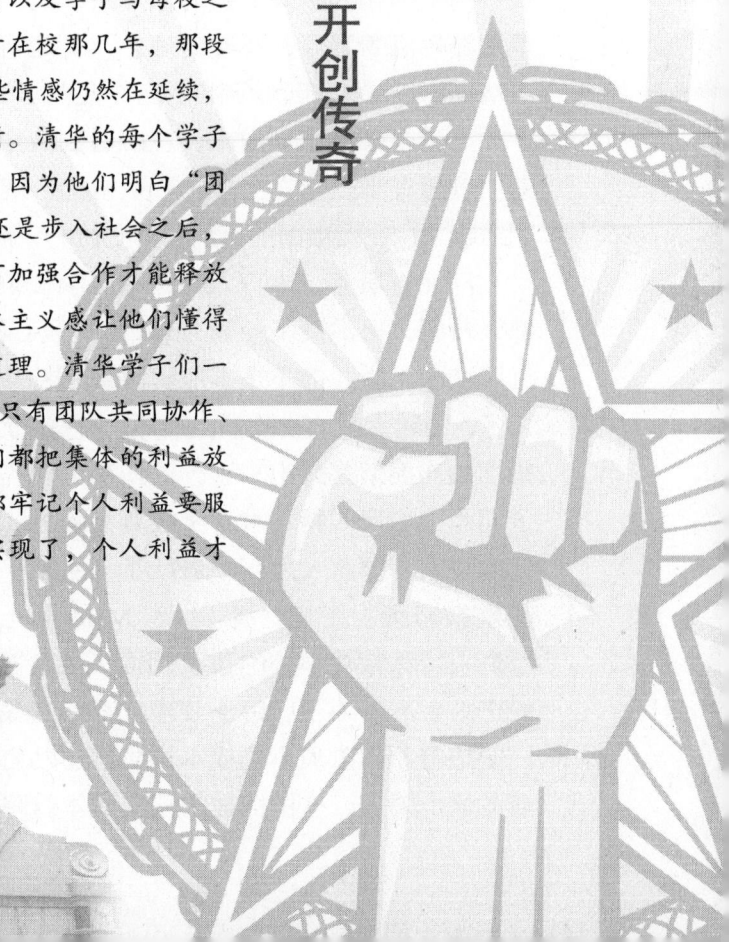

第七章

【集体正能量】

清华用万众一心的精神开创传奇

1

清华人懂得"一方有难，八方支援"

　　清华人不仅牢记着"自强不息，厚德载物"的校训，同时也把"奉献、友爱、互助、进步"的精神充分结合起来，用实际行动来实践"到祖国和人民最需要的地方去"这一承诺。清华大学的学子不单单是在挥洒着青春，传递着理想，更是将"一方有难八方支援"的志愿精神不断传递和延续到世界各个角落。

　　无论是哪里出现灾难，总能看到清华学子活跃的影子。他们呼喊着"一方有难，八方支援，心系祖国，情系灾区"的口号，让同学们团结起来，在困难面前，只有同心协力，同舟共济，才能共渡时艰。

　　河北省石家庄市育人特殊教育学校条件非常艰苦，孩子们的家境都很贫困，虽然清华经管 MBA 阳光爱心社在 2012 年 5 月已经对其进行了初次支教，但还是不能解决育人特殊教育学校的窘迫处境。时间久了，当时支教的物品多已损坏，有些生活用品已经不能再使用了，一些棉被连棉絮都露出来了，这些都迫切需要更换。得知此事，清华学子们为了给育人特殊教育学校募集善款，他们团结起来，利用暑假一天的时间，顶着大太阳，进行了《法汉字典》义卖活动，共募集到了善款 7700 元。于是，清华经管 MBA 阳光爱心社的同学们便开始计划给育人特殊教育学校的孩子们再买些必备的生活用品，来保证孩子们的正常生活。为了让每一分善款都得到最合理的利用，爱心社的同学们便想着如何以最小的成本买到舒适贴心的棉被。随后他们想到电子商务这个渠道，这样棉被的购买成本就降低了。但是运费仍是一笔不小的数目，还是要白白浪费一些资金。后来，来自石家庄的 12 级 1 班的霍朝辉同学主动要求接下这项任务，亲自去采购所需的棉被并负责运输到育人特殊教育学校。霍朝辉同学接下任务后不辞辛苦，经过不断考察，终于选定了一家当地专门制作棉被的被服厂。当厂家得知这些棉被是爱心社捐赠给育人特殊教育学校的爱心支教物品时，也贡献了自己的一份爱心，给这批货打了很大的折扣，争取让每位孩子都换上新的床上用品。在这一过程中，爱心社和其他爱心人士团结一致、共同努力、不惧辛苦、无私奉献的精神赢得了很多人敬佩。他们的事迹正弘扬了"一方有难，八方支援"的优良传统，让人与人之间充满了爱的正能量。

面对困难，个人的力量是薄弱的，这时候需要的就是群众的力量，只有发挥群众作用，众志成城，万众一心，才能抵御一切困难。清华大学 MBA 爱心社对河北省石家庄市育人特殊教育学校进行的第二次爱心捐赠公益活动，需要清点被服再运送到学校，由于时间紧迫，厂家那边人手不够，一时无法独自完成清点和运输的巨大任务。受到爱心正能量感染的两位爱心人士——石家庄第四十五中学教师郝红梅、石家庄陆军学院教师贾飞主动提出免费到被服厂去帮忙。有了他们的主动帮忙，这些物资最终及时地送到了育人特殊教育学校的孩子们手中。如果不是各方人民同心协力，共同奉献出一份自己的爱心，那么那些生活在特殊教育学校的孩子们就难以及时获得捐赠。

这是一次爱的传递，是一种责任的传递，更是一种团结友爱的传递。在一方有困难时，多方站出来共同支援。面对困难，个人的力量虽然有限，但只要万众一心，就一定会迎来风雨过后的彩虹。它传递的是正能量，是一种强大的正能量。每一份团结汇聚的爱心都传递着满满的关爱与慈悲。

清华大学爱心社的爱心捐助给人们传递的是一种团结、互助、友爱的正能量，是一种一方有难、八方支援的正能量。它告诉人们社会需要团结，时代在呼唤团结；给予他人帮助和温暖，是社会的责任，也是所有人的责任。团结就是力量，只有团结社会才能发展，只有团结才能战胜一切灾难。

5·12汶川大地震使一座生机盎然的城市变成了一片死寂的废墟，这突如其来的天灾像一场噩梦一样，瞬间让许多人失去了家园，失去了生命，失去了亲人。然而无情的天灾并没有摧毁人们团结一致的意志，在地震发生后，四面八方的抗震救灾志愿者、武警官兵纷纷来到汶川，在这里他们都只有一个目标，那就是万众一心，拯救自己的同胞。这是一场生与死的较量，所有人都团结起来，跟时间竞赛，人们从死神的魔爪中抢回了无数同胞的生命。正是这些来自四面八方的志愿者们团结一致，发挥大集体大家庭的作用，用他们的爱温暖了灾区，温暖了国人，也温暖了祖国大地。

到底是什么给了灾区人民如此坚定的意志，支撑着他们活下来的呢？是团结，因为他们坚信：只要团结起来就能战胜一切苦难和困苦。他们相信集体的力量是无穷的，团结才能有强大的生命力，才能让他们坚强地活下来。团结的力量不光可以带来成功，更带来了生存的希望。

在清华经管学院EMBA09F班"拥抱一零年代"新春晚会上就上演了一场非常感人的一方有难、八方支援的场景。清华大学的袁红斌被确诊患了一种非常罕见的恶性肿瘤"促纤维增生性小圆细胞肿瘤"，该病综合治疗的费用十分昂贵，而袁红斌同学家境贫寒，不可能承担得起这么昂贵的治疗费用。清华大学经管学院知道后高度关注此事，他们努力汇聚各种资源和力量，以帮助袁红斌同学筹款就医。与此同时，清华大学MBA同学会联合学校其他组织团结一致，迅速成立募捐管理委员会，积极为袁红斌同学筹款募捐。募捐活动在学校引起了强烈的反响，领导、老师以及各班同学纷纷慷慨解囊，为袁红斌同学筹集治疗的费用。经过大家的积极配合，共同努力，终于筹得35.46万元的费用。清华大学的同学和老师们在这次募捐过程中，同心协力，并肩奋战，充分展现了清华人团结互助、一方有难、八方支援的奉献精神。

俗话说得好："一个篱笆三个桩，一个好汉三个帮。"只要大家团结一致，就没有解决不了的困难。当每一股小力量都汇聚到一块时，形成的便是一股非常巨大的力量。"一方有难，八方支援"，当别人碰到困难时，不吝啬伸出自己的双手的人，才会在自己遇到困难时得到别人的帮助。在苦难面前，所有的人要团结起来，齐心协力，共同作战，才能克服困难。

团结友爱、互帮互助是一种正能量，是时常在人们身边萦绕着的正能量，如果与人相处时传递的是理解和包容，那么就会收获喜悦和感动。当你心情低落的时候，获得朋友的安慰、加油和鼓励，这也是一种正能量的传递。遇到困难了，用积极乐观的态度去面对，向亲朋好友寻求帮助，这也是一种正能量。传递感动，传递团结，传递信心，传递希望，这些都是正能量的传递。当我们被清华经管 MBA 爱心社的爱心支教活动感动之余，也被清华的"一方有难、八方支援"的精神震撼，于是，人们深深明白了清华人团结力量的伟大，而我们所要做的是让这种正能量的传递持续下去，让更多的人感受到正能量，加入到正能量的传递环节中来。

2

清华人懂得个人利益要服从集体利益

德国管理学家韦伯说："人是社会性的动物，只有在集体中才能更好地体现出人的价值，脱离了群体的人是没有任何意义的。"同样，个人利益也是以集体利益为前提的，个人利益依附在集体利益之上，集体的利益如果得到实现了，那么那些集体中的个人的利益才会得到实现。如果没有集体利益，又何谈个人利益呢？

清华大学物理系主任朱邦芬院士就曾提到过集体对个人成长的作用。朱邦芬院士认为，个人利益与集体利益既是相辅相成的又是相互矛盾的。比如团体效益好了，团体中的个人自然也会有好的收益。但有时个人利益和集体利益也会互相冲突、互相矛盾。清华大学一直教导学生们"当集体利益和个人利益发生冲突时，我们要首先维护集体利益，甚至在必要的时候要牺牲个人的利益来服从集体的利益"。举一个简单的例子：假如我们信任的警察害怕麻烦上身，担心自己有危险，对那些危害社会的犯罪分子不加以严惩，那我们的社会会变成什么样呢？个人的安全还会有保障吗？可见，个人利益要服从集体利益，集体利益高于一切，只有集体利益得到了保证，我们个人利益才能得到保障。如果只顾自己的利益，反而会失去利益。

个人利益服从集体利益是中国的传统美德，古人已经为我们树立了榜样，比如大禹治水，在个人利益和集体利益不能两全的艰难局面下，他选择先维护集体的利益。因为他心里有百姓，把人民的利益放在首位，为了实现集体利益，他离开了深爱的妻子，离开了温暖的家，全心全意地投入到抗洪治水中去。他甚至三次经过了家门都没有回家探望一下，他牺牲了自己的利益，最终取得了治水的成功，保全了集体利益。

个人利益服从集体利益不仅仅是我们古代的优良传统，也是现代的社会精神。在当今社会，涌现出了很多值得称颂的人物。人民的好警察任长霞，为人正直，刚正不阿，充满正义感，她在面对不法分子和强大的黑势力时，丝毫没有畏惧，为了保障百姓的安全利益，她放弃了与家人相处的时间，为了集体的大利益，到最后她甚至连自己的生命都牺牲了。拥有如此舍生忘死的奉献精神，是因为在她心中牢记着集体的利益高于个人利益，高于一切，也因此受到了人们的敬佩和爱戴。所以，清华大学一直强调个人的利益要服从集体的利益。

我们作为社会中的个体，必须把集体利益放在个人利益之上，强化责任意识，当个人利益与集体利益发生冲突时，要自觉地做到个人利益服从集体利益。一定要清楚地认识到，个体的利益只有在集体利益的帮助下才可实现，在集体利益实现的前提下，才能实现个人的尊严和价值，这就是所谓的"大河有水小河满，大河无水小河干"。所以，清华学子们都要牢记不论在什么时候，当个人利益和集体利益发生冲突时，他们都应做出正确的选择。当两者产生巨大的冲突时应以大局为重，权衡得失，分析利弊，必要时要牺牲掉个人利益来保全集体利益。

在清华园那些美丽的景点中，有一处很有特色的景观——"甲团墙"，鲜明的旗帜下呈现的是全校最优秀的甲级团支部名单。虽然"甲团墙"没有华美的装饰，没有鲜花的簇拥，但正是它透露出来的清新简单，朴实无华，充分体现了清华大学的集体主义教育传统。一直以来，清华大学都强调十分重视对学生的集体主义、爱国主义和社会主义的培养教育，特别强调针对西方腐朽价值观不断影响、冲击和腐蚀我们文化的现象，正需我们用集体主义的价值观去抵抗，并且要求在全校范围内深入开展以集体主义精神为核心的主题活动，以激励清华学子们不断探索，更加努力地致力于集体建设。

　　清华师生在参加国庆六十周年活动纪念图书《同方阵》首发仪式上，与志同道合的青年学子们为国家的利益齐聚在方阵中，他们提出倡议，要延续清华精神。《同方阵》作为北京高校首度表现国庆主题的纪念图书，展现了清华大学 5100 余名师生参加国庆六十周年游行的历程，讲述的是一种高度认同国家集体主义的精神。

　　清华大学吴倬教授在谈到当代中国核心价值观的理论反思时，提到个人利益与他人利益、社会利益的关系，指出我们要坚持以社会主义为原则的集体主义，而雷锋精神就鲜明集中地体现了这种集体主义道德观。个人利益重要，还是集体利益更重要？这么多年来，革命先烈为我们填写了这份答案。在鸦片战争时期，中国日益衰败，政府腐朽，而林则徐毅然站了出来，不畏惧帝国主义的压迫，才有了虎门销烟这一壮举；文天祥面对元人的威逼下，舍身取义，留下了"人生自古谁无死，留取丹心照汗青"这一千古传唱的佳句；在几千年前孟子就发出了舍生取义的呐喊："生，我所欲也；义，亦我所欲也，二者不可兼得，舍生而取义者也。"从古至今，有多少英雄豪杰，多少革命烈士为了祖国人民的利益，为了集体的利益，面对生与死的决策，他们义无反顾地作出了正确的选择，抛头颅，洒热血，他们的事迹也激励着新时代的年轻人。生活中总会遇到重重困难和诱惑，不管有多难，在面临抉择时，都要牢牢记住个人利益要服从集体利益。

　　清华大学历久弥新，得益于它向人们所传递的精神：要自强不息，坚持集体主义价值观，将个人的利益融入到集体利益中，要认识到集体利益代表的也是个人利益，而个人利益要服从集体利益。所谓的服从，是先让集体利益得以实现，这样才能让更多的个体利益得到实现。正是清华这样的理念，让清华学子更加优秀，他们用清华的传统精神来要求自己，养成正确的价值观，坚持个人利益服从集体利益，最终取得了辉煌的成就。

3

教授教诲：一只筷子轻轻被折断，
十只筷子牢牢抱成团

清华大学胡显章教授说过："清华精神可以归纳为'爱国、求实、追求完美、团队合作'。"他还说，清华人具有无私奉献的团队合作精神，清华的学子们在各自的岗位上同心齐力，为建设美好的祖国贡献自己的一份力量。

那到底什么是团队精神呢？所谓的团队精神，简单来说就是大局意识、协作精神和服务精神的统一体。核心是共同合作，它具有强大的凝聚力和激励作用。人是唯一拥有主观能动性的生物，而团队就是把人的智慧、力量、经验等各种资源进行合理的互补，从而产生最大的规模效益。如果没有团队精神作为支撑的话，那么这个团队就好比一盘散沙，队员之间不会互相帮助、互相配合，力使不到一处，这样的一群人战斗力是非常弱的。团队精神的强弱，决定了团队战斗力的强弱。

培养团队精神就是要把队员各自的比较优势作为核心。每个人的能力都是有限的，而且每个人擅长的也不一样，尺有所长，寸有所短，因此在许多方面都有很大的差异，这其实就是比较优势。而团队的优势就是合理地组合和调整这些比较优势，从而产生更大的综合效应。团队精神理念并不是要我们舍弃自身的自我创新能力，而是要把每个人的自我创新能力有效组合起来。每个人能力的发挥，都需要一种外部力量来维系，而这种维系的关键就是需要大家的通力合作。任何一个人都不能完全独立地存在，只有和周围的人加强协作，加强互补，才能得到可持续的发展。

大家都看过《西游记》，虽然是虚构的，但是他们师徒几人历经千难万险求得真经的团队协作精神，却是值得我们学习的。唐僧团队最终能取得真经是因为他们具有互补性，虽然唐僧老被捉，但他的三个徒弟总是齐心协力地去营救，尽管三个人擅长的不同，但互补起来，能力就是无穷的。

每年的九月到十一月，大雁都要成群结队地飞往南方过冬。第二年春天再飞回北方。在这往返路途中，它们总会遭遇各种各样的困难，面对无数次猎人的捕猎，还要经历风吹雨打，电闪雷鸣，但它们每一年都能成功往返，这是为什么呢？因为这些大雁从来都不会单独行动，它们一群一群地摆成阵形，再一起往南飞，这样成群飞行比孤雁飞行能量提升71%。当每只大雁展翅高飞时，就为后面的队友提供了一股向上的风力，这样后面的大雁可以节省很多能量，它们朝着共同的目标前进，互相依赖，彼此依存。就算是有某只雁不小心偏离了队伍，飞行时就会立即发现，因为大雁单独飞行阻力很大，这样它就会立即飞回到团队，寻求前面雁群的庇护。一个人的力量是薄弱的，一个人的智慧也是有限的，但团队的精神是无穷的。当我们独自一人时，面对很多事情都心有余而力不足，可只要大家合作起来，目标一致，共同努力，就没有什么可以阻挡我们前进的步伐了。

著名学者闻一多清华大学毕业后去美国留学，他一生的活动有两个最大的特点，其中一个就是团队意识，而这个特点与他在清华大学学习的经历有直接的关系。闻一多在上学时就在校刊上多次发表文章，对当时的"重西学轻国学"的风气进行了严厉批评，并呼吁大家要"振兴国学"。受清华大学传统的团队精神影响，他提出要通过团体行动来严格要求自己，提高自己，并通过团体行动来改变周遭的环境，改变国家的现状。团队精神可以推动团队的发展，当队员们都形成了集体意识，有着共同的价值观时，他们就会将自己的力量贡献到团队中，同时自己也得到了更全面的发展。

清华大学教授魏杰说："用团队精神理念去营造健康的文化。"清华大学在与西北工业大学的男篮比赛中轻松获胜，除了队员们有良好的身体素质和精湛的技术外，最重要的一个原因便是他们的团队合作精神。众所周知，篮球比赛不是个人独秀，而是要团体的通力合作，决定比赛输赢的不是某一个球员，而是这个球队整体的实力，是团队整体的合作。一个团队要具备整体合作的意识，才能让团队中每个队员的优势都得到最大的发挥，并且力量都往一处使，这样才能赢得比赛的胜利。清华队整体配合默契，动作协调一致，具有较高的团队凝聚力，发挥了团队精神，才会不断超越对手，超越自己。

清华大学企业家协会总会执行理事、北美分会主席金学成一直强调"清华人要永葆团队精神"。在清华大学中非常重要的一点就是要积累同学资源，清华人的整体协作能力比其他院校都要强，这点在清华学子步入社会后就能够体现出来。如果和你合作的客户刚好是清华大学毕业的学生，那么你们的成功概率几乎是百分之百。因为这样的成功来自于清华大学长期培养的信任关系，来自于清华那丰富的校友资源。清华人的团队精神让金学成现在的工作也受益良多，他现在做的产品，在全世界的同行中是最好的，因为他公司的管理人才，从副总裁、总监、经理到各部门项目负责人还有他的研发团队，无一例外全是清华毕业生，团队凝聚力极高。这也再次证明了"团结就是力量"这个真理。

团队工作不同于一般的工作，因为它是一个管理矛盾的过程。一个团队常常混合了许多不同的个体，它必须接纳个体的不同，并对其进行调和，要从这种多样性中获益，它必须允许不同的声音、思想、观点。当然，这不可避免地就会出现矛盾和问题，在这种情况下，团队就需要发展队员之间的互相信任、互相激励和支持的文化，提高团队凝聚力，发挥各自所长，团结一致。

在清华学子们之间，流传着这样一句话："一只筷子轻轻被折断，十只筷子牢牢抱成团。"人生的道路上会充满很多坎坷，有时一个人的力量并不能让我们成功地渡过难关。一支竹篙难渡汪洋大海，众人划桨才能开大船。这时候，团结起来，大家互相帮助就能到达胜利的彼岸。

4

懂得抱团取暖才能发展得更好

在国内享有"战略大师"美誉的清华大学经济管理学院教授、博士生导师金占明在"清华 EMBA 管理论坛"上就提出"企业要学会抱团取暖，才能获得长远发展"的观点。那么，"抱团取暖"是什么意思呢？其实所谓的抱团取暖是来源于这样的常识：在寒冷的冬天，如果有人陪伴那么就会感觉特别温暖，两个人抱在一起取暖怎么也比一个人单独取暖好，所以找一个陪你一起走下去的人，同风雨、共患难，这个人将会是你未来最大的财富。用积极乐观的心态、良好的情绪、丰富的思维不断地学习新知识，不仅可以避免受到伤害，还可以互相嘘寒问暖。拥有了这些，冬天不会再那么苍白，那么寒冷，相反，人们会在漫长的寒冬里获得温暖和幸福。

抱团取暖需要彼此之间互相依赖、互相支持和帮助，通过团体合作的力量来实现自我的发展。大家都知道，一堆沙子是松散的，可是只要把它和水泥、石头、水按照比例混合在一起，它将会比花岗岩还坚固。

草丛里燃起了熊熊烈火，许多动物都已经成功地逃生了，只剩下弱小的蚂蚁还处在火圈里。那成千上万只蚂蚁在面对被烈火烧死的危险关头，做出了一个令人震惊的举动，只见蚂蚁们快速地聚成一团，像滚雪球一样飞速地滚动，终于逃离出火海。面对这无法避免的灾难，蚂蚁选择了合作，抱成一团，才求得了生存。这个故事告诉人们，只有合作才能求得生存，谋得发展。单打独斗是很难获得成功的，发挥团队整体的优势，抱团取暖才是获得更好发展的王道。

"一滴水只有放进大海里才永远不会干涸，一个人只有当他把自己和集体的事业融合在一起的时候才能最有力量。"雷锋的这句话最适合人们现在的工作和学习了。在课堂上老师常常会这样说："大家分组讨论下，五个人一组…"这其实就是老师在教导学生们要互相合作，一个人的答案毕竟是有限的，多一个人就多一种可能，多一份选择。一个人的智慧是渺小的，群众的智慧才是无穷的。只有大家合作讨论才能思考得更周密，更具体，更丰富，才能得出更完美的答案。

有两组饥饿的人得到了同样的一根鱼竿和一篓鱼，第一组的两个人想法不一样：一个想去大海里钓鱼，就拿了鱼竿独自走了；另外一个人不想去大海，于是就拿了鱼走。他们分道扬镳各做各的，结果两个人都饿死在了路上；而第二组的两个人先一起商量了一番，考虑到大海的遥远和仅有鱼的数量，最后他们决定一起去寻找大海。在漫长的寻找过程中，他们有计划地吃鱼，碰到问题就一起解决，最后终于找到了大海，钓到了鱼，过上了幸福安定的生活。第二组为什么能存活下来？原因很简单，因为他们懂得团结合作！没错，只有团结合作，才能取得成功。世界上许许多多的事情，如果只是凭借一个人是没法完成的，必须要借助外界力量才能完成，只有通过与其他人的合作才能有力量完成。一个人也只有学会了怎么与他人合作，互帮互助，共同努力，才能寻找到打开成功大门的钥匙。

现在的一些企业都采用抱团取暖的方法以达到共同发展、互利互赢的局面。金融危机爆发之后，世界经济陷入了萧条，企业纷纷破产，一些侥幸生存下来的企业也是困难重重，举步维艰，危机不断。此时就有许多企业抱在一起，共克时艰，以求得生存和发展。2008年底，日本保险业排名分别为二、四、六的三井住友保险、爱和谊保险以及日生同和保险宣布合并，他们达成了一个实体的协议，组建成了日本最大的非寿险保险公司。由于金融危机导致了日本经济低靡，保险市场需求也大幅下降，这三家公司遭到了前所未有的打击和压力，于是他们便决定以抱团取暖的方式来寻求生存，获得最大效益。面对全球金融风暴的挑战，国内企业也积极采取"运动取暖"、"抱团取暖"等多种方式来应对危机"寒冬"，并取得了良好的成效。

清华工研院北方中心在浙江的孵化企业——浙江信汇新材料有限公司一直使用昂贵的压缩设备，采购资金庞大，于是清华工研院北方中心便极力促进该公司与沈鼓集团对接。通过详细的性价比考察，该公司最终与沈鼓集团签下合作合同，如此一来，双方都消减了成本，获得了最大的利益。不仅如此，清华工研院还力促了天津信汇制药股份有限公司与东药集团进行合资合作，两家公司最终达成合作意向，并预计两年内实现再造一个东药集团的目标。清华工研院北方中心一直在贯彻这一精神，不管在任何时刻，抱团取暖是企业积极主动地应对危机的一种表现，企业与企业之间通过互相融资、收购或者是合资合作等方式形成统一战线，结成联盟，通过这样的方式来降低企业运作成本，提高企业效益，增强企业在市场上的竞争力。企业之间相互补台才能好戏连台，如果相互拆台，那可能就要一起垮台了，因为企业之间是相互联系的，一荣俱荣，一损则俱损。目前世界经济不景气，各企业有必要提升相互之间的合作水平，抱团取暖，抱团过冬。同时，也要根据形势的变化发展，选择后的企业要抱在一起，共克时艰，寻求更好的发展。

清华大学的学子始终牢记抱团取暖的精神，他们之所以能取得卓越的成就，一方面是依靠他们强大的实力，另一方面是他们深深懂得，只有合作才能互赢。小到班集体，四五人一小组之间的讨论；大到国际间，国家之间的友好往来，互帮互助，都是离不开合作的。当今的社会是充满竞争的社会，一个人再强，战斗力还是比不上一个团队，只有团结起来才能产生巨大的力量和智慧，去挑战局限，克服一切困难。所以一个人要学会与他人团结合作，学会抱团取暖，才能飞得更远。

5
团队协同才是创造奇迹最稳固的策略

比尔·盖茨说："团队合作是企业成功的保证，不重视团队合作的企业是无法取得成功的。"建立一支有凝聚力的团队，形成 1+1>2 的效应，是现代社会中企业求生存谋发展的一个基本条件。重视团队精神建设一直是清华大学的优良传统，不管是先进班集体的建设还是进入 MBA 的面试，清华注重的始终都是团队精神的表现。

随着社会的进步和发展，想要获得成功，不仅仅需要一个实力超强的领导者，更需要整个团队的通力协作。一个个体的能力和力量是有限的，而一个团结的团体力量和能力则是无限的。不仅要重视个体单打独斗的作战能力，而且更要注重营造一支通力协作、团结一致、具有超强战斗力的团队。

团队中的每个队员要彼此坦诚，互相沟通，协调一致。每个个体都是团队的一部分，在团队中都有各自的位置，发挥着不可替代的作用。如果把一个团队比作是一台运作的机器的话，那么团队里的每个队员就好比机器上的零部件，单个分开来看或许没有多大的作用，但是缺少任何一个部件都会影响机器的正常运作。只有每个零部件都在其固定的位置上，发挥着自己的作用，共同协作，整个机器才能正常运转。对于团队来说，要想保证成功，就必须要全体队员互相配合，共同努力。团队之间要互相沟通，尤其是在有分歧的时候更需要沟通，只有沟通才能解决矛盾，达成一致目标，团队才能协力合作，创造奇迹。

　　春秋战国时期，蔺相如在屡次立下大功后被赵王封为上卿，赵国优秀将领廉颇因其职位在自己之上，对蔺相如很是不满。他觉得自己在沙场上为赵国拼命打仗，攻下无数座城池，怎么说也是立下了汗马功劳，而蔺相如只是动动嘴皮子就获得了赵王的赏识，官位甚至比自己还大，廉颇很是不服，于是，他便处处针对蔺相如。蔺相如虽然知道廉颇对自己有偏见却一直忍让，当别人说他是害怕廉颇时，蔺相如却说："秦王我都不怕，难道能怕廉将军？现在秦国不敢入侵赵国，是因为赵国有得力将相，一旦我们不和，就会削弱赵国力量，那时秦国趁机入侵怎么办？我不论功争权，为的是国家大局，将相的共同利益！"蔺相如说的这番话后来被廉颇听到了，他觉得很是羞愧，认为自己不如蔺相如深明大义，于是便主动负荆请罪，成就了一段将相和睦的佳话。如果两个人为了各自的短期利益而尔虞我诈，互相争斗，那么就可能致使国家灭亡，国家亡了，就更别谈个人利益了。所以说整个团队要团结协作才能让利益最大化，才能获得成功。有一句老话这样说："一个和尚挑水喝，两个和尚抬水喝，三个和尚没水喝。"说的就是因为团队不和谐，大家都不负责任，互相推诿，没有协调一致才导致没有水喝的结果。

　　一位牧师向上帝请教天堂和地狱的差别，为了让牧师更直观地理解，上帝带着牧师来到了一间房子里，里面有一群人围着一锅肉汤，这些人的手里都拿着一把很长的汤勺，因为太长了，他们谁都无法成功地将肉汤送到自己嘴里，人们看着锅里的肉汤，表情都非常痛苦和绝望。上帝告诉牧师这便是地狱。随后，上帝又把牧师带到了另一个房间，房间里同样有一群人围着一锅肉汤，但不同的是，这里的人会把锅里的肉汤舀到对面人的嘴里，这样他们每个人都能享受到这美味的汤，他们一边吃着一边露出幸福和满足的表情。上帝告诉身边的牧师，这里便是天堂了。两个房间的条件和待遇是相同的，为什么地狱里的人就那么痛苦，而天堂里的人就那么幸福呢？原因其实非常简单，地狱里的那群人只想着自己如何才能喝到锅里的汤，而天堂里的人想着通过合作的方式让自己和别人都能喝到美味的肉汤。由此可见，团队成员之间只有真诚合作，互相信任才能实现目标。在一个团队中，如果成员都没有团队精神，各做各的，只顾着自己的利益，那么，这个团队永远都无法获得成功。要想取得成功，创造奇迹，必须整个团队成员密切配合，团结协作，形成合力，这样才能形成强大的力量，创造出最大的效益。

《周易》堪称反映中国文化源头的古书，这部著作涉及领域很广，包括了我国古代经济、文化、教育等多个领域，可以说是一部非常伟大的作品。其实这本伟大的著作并不是一个人完成的，而是几代人共同合作的成果。世界上没有完美的人，只有完美的团队。一个团队的通力合作可以使微弱的力量变得强大起来。早在东汉末年，孙刘的联合作战才打败了曹操这么强劲的对手。而在当今社会，因团队合作而取得成功的例子更是随处可见。复旦大学辩论队荣获"首届国际大专辩论会"的冠军，杨福家校长说："这次辩论赛是团队共同合作的胜利，这是一场表现团队凝聚力的竞争。"比赛前，复旦大学邀请了三十多位辩论专家及教授对参加辩论赛的队员们进行了培训，仅陪练的研究生就有十多名，学校各部门都给予了最大的支持，可见，他们的成功是离不开这些人的付出的。同时，杨校长还表示，希望合作也能成为复旦大学的精神。

团队合作是需要成员之间互相沟通配合的，一个人无论有多大的能耐或者是奇才异能，倘若他不能把这种才能传递到别人身上，那这种才能有也相当于没有。由此可见，获得成功最稳固、最重要的策略就是团队协作。

团队合作最重要的是成员之间彼此信任，一个人如果想获得他人的信任，前提是要先真诚地对待他人，相信他人，这样才能互相信任。信任是团队凝聚力的来源，小信成则大信立，团队成员之间因为互相信任才能互相协作，为共同的目标奋斗。一个团队或者组织是由无数个有思想的个体共同构成的，而建立一个优秀的团队或者组织，则可以保质保量甚至超质超量地完成任务。俗话说"三个臭皮匠顶过一个诸葛亮"，这就是告诉人们要同心协力才能创造奇迹。如果没有团队协同的精神，那么一群弱小的蚂蚁是不可能变成一支横扫南美热带雨林并且所向披靡的"蚁军"的；如果没有团队协同的精神，那么日本的企业也不可能在形成联盟后共同瓜分世界各行各业的市场，更不可能成为世界上获取利润最高的企业；如果没有团队的协同的精神，那么欧洲各国也不可能在形成欧盟之后与霸主美国一争高下。所以，无论是在社会还是大自然中，团队协作的优势和力量都在竞争中显现得异乎寻常地强大。发挥团队协作精神要发挥各自的优势，调和成员之间的关系，形成一个牢不可破的团队。也许某个人可能在某一方面是天才，但不可能是全才，所以只有发挥团队精神，通力协作，才能取得最大的成功。

在团队协同这一点上，清华特别重视，因为清华自建校以来，就一直把团队精神放在极其重要的位置上，并使其成为清华精神之一。团队精神是清华一直以来坚持的优良传统。而清华的学子们也都坚持把这种精神弘扬下去，他们在步入社会后，都懂得运用良好的团队组织，加强自身团队的凝聚力以及自己团队和其他团队的协作，并以此获取成功，来实现利益的最大化，这才成就了一个又一个的成功者。清华的学子们都知道团队协同必将产生一股强大而且持久的力量，凭借这股强大的力量，还有什么困难可以阻挡他们呢？所以说，团队协同就是开创奇迹最稳固的策略。

6

集体才是最大的生产力，万众一心才可以
释放出最强战斗力

俗话说："单丝不成线，独木不成林。"团结才能形成强大的生命力，只有团结起来，万众一心才能筑成最牢固的长城，才可以释放出最强的战斗力。清华大学副教授舒继武在谈及自己成功之道时说了这样一句话："集体的团结与力量给了我成长的收获。"她表示，正是由于在清华的几年里，受周围老师和同事高效合作和甘于奉献精神潜移默化的影响，敦促着自己在清华努力工作、团结合作，以清华人的严谨求实、勇于探索的精神来要求自己成为一名优秀的科研工作者。

草地上，一群牛正在吃草，突然间，有一群狼奔了过来，要对牛群进行袭击，几只幼小的牛就想掉头逃跑。这时候，一头老牛叫住了它们，说道："你们几个逃跑的速度会比狼快吗？"小牛们想了想说道："我们怎么会是狼的对手呢，如果不逃跑，那就只有死路一条啊。"老牛又说道："逃跑也是死。我们的犄角是最好的武器，只要大家齐心协力，共同对付狼群，我们就一定能够战胜它们！"于是，老牛把所有的牛召集起来，让它们把犄角朝外围成一个圆圈，并说："现在我们已经摆好了阵型，可以作战了，大家一定要充满信心，不要害怕，不管狼从哪个方向进攻我们，我们都用犄角对付它们。"狼群开始进攻了，它们凶猛地向牛群扑了好几次，但是每次袭击都撞到了牛角上，狼群不得不往后退，这样反复进攻了几次，它们都被牛角给挡了回来，最后，狼群不得不带着遍体伤痕逃跑了。团结就是力量，

虽然牛的个体力量渺小，无法与狼抗衡，但再渺小的力量团结起来都是一股无穷的力量，团队合作就能产生最大的战斗力，取得胜利。

《周易》记载："二人同心，其利断金。同心之言，其臭如兰。"可见集体的力量才是最大的生产力。

清华大学一直把培养学生的集体主义精神放在首位，很多重要研究都是集体共同完成的。在 2010 年春季研究生毕业典礼暨学位授予仪式上，清华大学校长顾秉林就提到集体的力量是不可估量的，要学会团结协作，并指出，在社会分工越来越细化，知识也越来越丰富和复杂的今天，要想获得一番成就，就需要更多地交流合作，发挥集体的力量。同时强调在以后的工作中，要有集体主义精神，懂得协作，万众一心才能释放出最强的战斗力。

万众一心，群策群力，才能为发展聚起强大的正能量。吐谷浑国的国王阿豺有二十个儿子，这二十个儿子每个人都很有能力，可以说是不分伯仲。可是他们都自恃本领高强，不把其他人放在眼里，认为自己才是最厉害的，别人都比不上自己。这二十个儿子常常明争暗斗，互相讥讽。阿豺了解到自己的儿子这么不团结后，非常担心，他怕敌人会利用这种不和睦的局面来袭击自己的国家，这样一来国家就危险了。虽然阿豺逮住机会就苦口婆心地教育他们要互相包容，团结友爱，可是儿子们总是当面附和，私下里还是原来那个样子，依然你争我夺。阿豺的年纪越来越大了，身体也越来越不好，久病的阿豺很想化解儿子们之间的矛盾，希望他们能够相亲相爱，同心协力把国家治理好。于是，阿豺想到了一个办法。他把孩子们都召集在一起，让他们每个人都放一支箭在地上，虽然儿子们都不清楚原因，但还是照做了。阿豺又让自己的弟弟慕利延拿起一支箭折断它，慕利延捡起身边的一支箭轻而易举地就把它给折断了。阿豺又让慕利延把剩下的 19 支箭全部捡起来，捆在一起，再去折它们，慕利延拿起这一捆箭，用尽了力气，咬牙弯腰，折腾得直冒大汗，最后还是没有折断。阿豺这时看向儿子们，语重心长地说道："你们都看明白了吧，一支箭，轻轻一折就断了，可是当它们被捆在一起的时候，是怎么弄也折不断的。

你们兄弟也是如此，如果互相争斗，不懂得团结，是很容易遭到失败的，只有你们联合起来，团结一致，齐心协力，才会产生无比巨大的能量，任何人都无法战胜你们，这样我们的国家才能稳定，这就是集体团结的力量啊！"儿子们明白了父亲的良苦用心，流下了悔恨的泪水，并下定决心从此以后兄弟同心，共同建设自己的国家。

团结就是力量，只要集体团结起来，万众一心，就能释放出巨大的力量和智慧，克服一切困难。人各有所长，也各有所短，身边的朋友和亲人都是自己的资源和力量。清华的学子们都知道，集体的力量是由个体汇聚而成的，个人无法完成的事情，往往都能够依靠集体的力量来实现。

俗话说："众人拾柴火焰高。"这句话一语道出了团结的力量。人或者企业的发展都是天时、地利、人和三者共同起作用的，而这其中又以人和最为重要。要做到人和，就要求集体要团结一致，齐心协力，为了共同的目标，为了更好的发展共同奋斗。同心同力是集体共同的责任。人心齐，才能泰山移！科学家们也非常重视集体的力量，著名的德国化学家本生和物理学家基尔霍夫共同合作，并借助身边的其他资源发明出了光谱分析仪，为科学界作出了巨大的贡献。

一朵花太单薄，只有花丛才预示着春天的来临；一抹绿太单调，只有森林才能显现出无限生机；一滴水太孤单，只有海洋才能跳出欢快的舞步；一点灯火太弱小，只有无数明灯亮起来，才能照亮夜晚的黑。同样，一个人的力量是有限的，只有集体的力量才是最大的生产力，才能够生产出无穷无尽的能量，只有万众一心才能创造出辉煌。学习清华精神，在这个充满竞争的社会里，要学会发挥集体的力量，同心同力才能战胜一切困难，让自己收获正能量。

第八章

【意志正能量】

清华告诉你坚守信念必能突破自我

印度国父甘地说："一个人的力量不是来自于体力，而是来自于不屈不挠的意志力。"可见，一个人的意志力是多么的强大。坚强的意志力可以摧毁一切障碍，可以突破自我，战胜一切。拥有坚定信念的人往往能创造出一个又一个的奇迹。清华以"理想信念教育"为核心，把对学生坚韧不拔的意志力的培养放在首位。这也让清华学子们在面对困难时有一种不屈不挠的精神，坚定的信心，让他们能够在挫折面前毫不畏惧，坚持不懈地努力，最终获得成功。"天将降大任于斯人也，必先苦其心志，劳其筋骨，饿其体肤，空乏其身，行拂乱其所为，所以动心忍性，增益其所不能。"只有拥有坚定的意志力的人，才能无所畏惧，获得成功。

1

树立坚固信心往往能斩断前进路上的一切羁绊

　　美国文学家、诗人爱默生说："自信是成功的第一秘诀。"自信是我们生命的主宰，在攀登成功的高峰上，只有那些不惧艰险，充满信心的人才有希望登上山顶，取得辉煌的成绩。有信心的人可以化渺小为伟大，化平庸为神奇。信心是成功的基石，它能斩断前进路上的一切羁绊。

　　"自强不息，厚德载物"是清华大学的校训，它教导着清华学子在人生的道路上要树立坚固的信心，只有这样，才有希望获得成功。清华毕业的李政道是最早获诺贝尔奖的华人，他在提及自己成功的原因时，深有体会地说道："在科学事业上要取得成功是很不容易的，这不是每个人都能做到的，除了付出极大的努力、刻苦奋斗之外，还必须有坚定的决心和信心，物质条件是次要的。"李政道回顾自己在清华大学求学的那段日子时说道："我们当年在国内学习的时候，清华大学还叫西南联大，当时学校的条件非常艰苦，十几个人住在一间草房子里，每隔两个星期还要驱一次臭虫，要不然的话睡觉都睡不成；同样的，当时学校里的实验设备也很差，很多设备都不完善，可是，我们并没有因此而丧失信心、放松学习，相反，我们更加努力抓紧学习。"还有许多著名学者像黄昆、朱光亚、杨振宁等都是从西南联大毕业的，后来去美国留学，他们也并没有因为国内的条件差就感觉低人一等。李政道这样说："不过是一些仪器、设备在国内没有见过。没见过的，看见一次就知道了，用两次也就掌握了，并没有什么了不起的。"李政道后来回清华大学演讲时，就一直告诉大家，无论做什么事情都要有信心，充满自信，才有动力，付诸行动才会收获成功。不错，人生是不可能一帆风顺的，但只要心中树立坚固的信心，便能披荆斩棘，冲破一切障碍，顺利到达成功的彼岸。

在人生的道路上，每个人都会有不同的遭遇，挫折也会有许多，有的人面对挫折时会选择放弃，向困难屈服；而有的人却会逆流而上，更加奋发向上，坚持理想。往往那些不怕困难、有坚定信心的人才能获得成功，成就自己辉煌的人生。

乔·吉拉德是美国历史上最有名的销售大王。他出生在美国的贫民窟，家境十分贫寒。在他很小的时候，就在街上摆摊擦皮鞋赚钱，以补贴家里的支出，因为家里实在是太穷了，他甚至连高中都没念完就辍学了。乔·吉拉德的父亲总是骂他没出息，说他以后不会有所成就。由于父亲的打击，他有一段时间心情非常低落，没有了往常的自信，做事变得唯唯诺诺，就连说话也变得结结巴巴的，根本不像正常的他。不过幸运的是他有一位非常伟大的母亲，他的母亲不断地鼓励他，支持他，告诉乔要更加努力，要向父亲还有所有人证明自己一定能够有所成就，成为一个了不起的人。母亲还告诉他，在机会面前每个人都是平等的，要想成功就不能气馁，更不能消沉。母亲的这番话不仅让乔重拾了信心，更加激起了乔想要获得成功的欲望，他的意志变得更加坚定了。从这以后，一直不被看好，被人认为没有出息，而且还背负了一身的债务几乎到了穷途末路的乔·吉拉德，竟然只用了短短的三年时间，就被吉尼斯世界纪录总部评为"世界上最伟大的推销员"。他以平均每天卖出 6 辆汽车的销售记录一直被欧美商界推崇为"能向任何人推销出任何产品"的传奇式人物。从他那段传奇式的人生中人们可以领悟到，想要成功就必须要自信。自信者可以获得成功，而不自信者，往往与成功无缘。人生有了目标才会有奋斗的动力，努力奋斗才能有所成就，而要有所成就必定离不开自信心。

许多人之所以一事无成，就是因为他们低估了自己的能力，妄自菲薄。无论处于什么样的困境，都不要忘记留一份自信给自己。越王勾践因为怀有坚定的信心，卧薪尝胆，仅凭三千越甲就攻破吴国；爱因斯坦的"相对论"发表后，曾经有人搜集了一批名流对这一理论的反驳，制作了一本名为《百人驳相对论》的书，对爱因斯坦进行了一场声势浩大的批判和挞伐。但是，爱因斯坦并没有向这些所谓的名流屈服，他坚信自己的理论是正确的，自己一定能够获得胜利，因此对讨伐之声丝毫不在意。他坚信自己的理论是真理，并且坚持继续研究，终于使得"相对论"成为了二十世纪伟大的理论，得到了世界的认可，这一成就，也为世人所瞩目。所以说，只要对自己有信心，世界上再困难的事情也能迎刃而解，树立坚固信心能摧毁前进道路上的一切阻碍，实现愿望，取得成功。

俗话说："天下无难事，只怕有心人。"自信是一种力量，无论你是处于顺境，还是逆境，都应该充满信心。法国著名的画家纪雷有一天参加了一个宴会，宴会上突然有个身材矮小的人来到纪雷面前，请求纪雷收自己为徒。纪雷打量了一下眼前这个人，发现他不仅身材矮小，而且双臂残缺，于是就委婉地拒绝了这个请求，并且指出他这样子画画可能不太方便。可是那个人一点都不在意，很有自信地说："不，虽然我没有手，但我还有两只脚。"于是他让人拿来纸和笔，随地而坐，用脚夹着笔画了起来。虽然他是用脚画的，但还是画得很好，宴会上的宾客，包括纪雷都被他感动了，纪雷立马收下了这个男子为徒弟。这个人自从跟着纪雷学习画画后，更加刻苦努力，他始终坚信自己用双脚同样能够画出美丽的画。没几年的功夫，这个人便名传天下了，他就是著名的无臂画家杜兹纳。没有手竟然也能成为画家，可见只要对自己有信心，并且始终坚持自己的目标，加以奋斗，就能完成很多看似不可能完成的事情，就能创造奇迹。

有了自信，生活才会有希望。自信是一个人的胆，有了这个胆，你就会所向披靡。学习清华人的精神，跌倒了爬起来，充满信心地继续向前走，这便是成功的开始；当你一次次面临困境时，只要坚信"天生我材必有用"，拥有一颗自强不息的心，成功迟早会属于你的。人生路漫漫，通向成功的道路上少不了曲折、坎坷，也许是荆棘丛生，也许是悬崖峭壁，但只要树立起坚固的信心，就能摧毁路途上的一切障碍，到达成功的彼岸。

2

清华学子领悟：意志力不坚定将一事无成

　　清华大学副校长谢维和教授说过："光有知识做不成大事，只有知识没有意志也同样做不成大事，如果把知识放在意志力的指导下，面对苦难和挑战时坚持下去，甚至是一些风险，我觉得这样就能成就大事情。"清华大学集天下之英才，不仅教给了学生智慧和知识，更培养了清华学生的思想品德和坚定的意志力。某种程度上来说，这种坚定的意志力对他们更为重要。

　　意志力是人格中最为重要的组成因素，它对人的一生有着极其重要的影响，决定了人们在做一件事情的时候能否取得成功。一个人对学功夫非常感兴趣，便缠着大师要拜师学艺，大师就说自己收徒弟是有严格标准的，那些意志力不坚定的学生他是不会收的。年轻人苦苦相求，于是大师便决定考验一下这个人的意志力。大师让这个人扎马步，能够扎十分钟就留下，否则的话就回家去。扎马步桩是非常吃力的一件事，这个人以为很简单，拉开架势就往地上一蹲，但是还没过两分钟两腿就开始颤抖了，呼吸也越来越急促，满脸通红。还没到五分钟就嚷嚷着"我不行啦我不行啦"立马就站了起来。于是，大师便让这个人回去，但这个人不肯走，说自己拜师后一定会刻苦努力练习的，希望大师能收下他。大师说连五分钟马步都站不了的人，哪会有什么意志去刻苦练功，可是这个人还是赖着不走，请求大师再给他一次机会，再蹲下马步，大师同意了。这个人深深地吸了一口气，大声地说："我一定会成功的！"大师笑着没有讲话，只见这个人喘着大气又蹲了不到一分钟，就又一次失败了。这次他没再说什么，向大师道完歉就离开了。回家后，这个人感觉很是惭愧，就发誓要为自己争回这口气。于是他开始每天练蹲马步，但是每次不到一分钟他就顶不住了，天天都是如此，尽管这样，他还是每天都坚持，他告诉自己不能浮躁，一定要静下心来练，还给自己制订了一个练功计划，以一分钟为基础，每过一个星期就增加一分钟，争取在半年内就达到站桩三十分钟的目标。就这样日复一日、月复一月不断地练习，这个人每天夜里都在练蹲马步，过了一段时间，他终于能轻而易举地就蹲上半个钟头了。于是他又上山去找那位大师，大师还是提出了同样的要求，而他这次一蹲就是三十分钟，大师非常满意地收下了他。由此可见没有坚定的意志力是不能成功地完成任何事情的，不管做什么事情都一定要脚踏实地地去实践，不能悲观和气馁，更不能好高骛远，要拥有坚定的意志力，告诉自己一定能行，并努力去付诸行动，这样才会达到预定的目标。

孟子说："天将降大任于斯人也，必先苦其心志，劳其筋骨，饿其体肤，空乏其身，行拂乱其所为，所以动心忍性，增益其所不能。"这形象地说明了意志力的重要性。坚定的意志力是成功的保证。中国工农红军长征两万五千里让全世界的人都感到震惊，他们爬雪山、过草地、四渡赤水、巧渡金沙江、飞夺泸定桥，这些常人看来都是无法做到的事红军做到了，而且是在极其艰苦的内忧外患的环境下完成的。他们不畏艰难险阻，克服重重困难，突破敌人的追击，化解各种危险，最终完成了万里长征，取得了胜利。是什么让他们做到的呢？是坚定的意志力，只有坚定的意志力才能让红军战无不胜，攻无不克。如果不是坚定的意志力在支撑着他们，他们也许早就倒下了，正是因为他们坚信胜利一定属于自己，希望就在前方，才一次又一次地克服了长征路上的难关。

意志力的强弱决定着事情的成功与否，所以清华大学的老师们一直教导学生要有顽强拼搏的意志力。如果一个人缺乏意志力，那么，即使他再聪明，再能干，最终也只能一事无成。清华大学建筑系女博士于宁，被称为"天才"。而于宁则将自己的成功归结为：坚持。她说人生需要不断坚持，她的师姐郭宏是一位从七岁开始就坚持每天长跑的女孩，是坚持让她一路跑进了清华，跑到了美国，并最终跑进了国际奥委会。于宁认为是坚持的力量和坚定的意志力使她成功的。而自己的成功也是坚定意志力和不断努力的结果。美好的人生是需要不断地努力和坚持的，要想获得成功，就必须有超人的意志力支撑着自己走下去，这样才能活得精彩。

坚定的意志力是伟大的，它支撑着人们创造，催促着人们奋斗，推动着人类进步。人们正是有了坚强的意志力的支撑才创造了一个又一个的奇迹。《苦儿流浪记》中主人公与几名矿工在工作时遇到塌方，大伙都被困在一个狭小的空间里，脚下是无尽的水流，在这种极度恶劣的条件下，如果时间久了，他们不是被淹死就是窒息而死，不然的话就是被饿死。矿井下的情况不容乐观，虽然营救工作已在进行，但大家都没多大把握，只能跟时间赛跑。困在矿井下的人只有一个人带了手表，有人便提议让这个人每隔一段时间就报一次时，大家都休息，节省体力等待上面的救援。时间一分一秒过去了，等到救援队找到他们时，他们竟奇迹般地存活了下来，只有一个矿工死了，便是那个报时的人。原来这名矿工在开始的时候准确地报时，但在大家感到越来越绝望时，他便开始"虚报"，半个小时他就报十五分钟，一个小时他便说是半个小时，就这样每次都少报时间，其他的人觉得时间才过了这么点，便想着还能再撑一段时间，终于等来救援队存活了下来。而那个报时的矿工却清楚地知道时间过了多久，被自己的心魔给逼死了。由此可见，坚定的意志力是多么重要。它能让人处于绝境时顽强抵抗，在面对困难时排除一切障碍。

为什么有些人智力平平，但是却往往会做出一些"出人意料"的成绩来呢？那是因为这些取得成功的人往往都遵循了一条很关键的法则：成功在于坚持，在于坚定的意志力。换句话说，决定成功与失败的不在于你知道多少，而在于你能否坚持。在很多时候，遇到问题，绝大多数人所欠缺的不是知识，而是支撑自己走下去的意志力。意志力的强弱直接决定了你能否成功。由此可见，坚定的意志力是成功路上必不可少的。

人的一生不可能是一帆风顺的，"宝剑锋从磨砺出，梅花香自苦寒来"，我们要学习清华人自强不息的坚强的意志力，向于宁、郭宏一样，在面对困难时，要有坚定的意志力，无所畏惧，这样才能达到成功的彼岸。

3

信念的力量——突破自我，战胜困难的强力基石

爱因斯坦说："由百折不挠的信念所支持的人的意志，比那些似乎无敌的物质力量具有更大的威慑力。"信念，是成功的起点，是托起人生的坚强支柱。清华大学以"理想信念教育"为核心，培养了一批又一批祖国现代化的建设者和接班人。只有拥有坚定信念的人才能够创造出奇迹。人的行为是受信念支配的，所以说，有怎样的信念就会有怎样的行为，同时也会产生怎样的结果。

信念能产生巨大的力量，在布满荆棘的道路上，惟有信念和忍耐才能开辟出一条康庄大道。有一支探险队进入了撒哈拉沙漠，无边无际的沙漠中，荒无人烟，有的只是漫天飞舞的黄沙，不断地扑打着探险队员的脸颊。他们早已口干舌燥了，可不巧的是，他们身边的饮用水也都喝完了，大家心里很是焦急。这时候，探险队的队长拿出一只水壶，说道："这里还有一壶水，但是在穿过沙漠之前，谁也不能喝。"刹那间，大家仿佛看到了救世主的出现。于是，这壶水成了整个探险队穿越沙漠的信念源泉，成了大家生命的寄托。每当有队员熬不住、濒临绝望的时候，只要摸摸那沉甸甸的水壶，便又燃起了希望，露出了坚定的眼神。最终，探险队走出了沙漠，摆脱了死神。大家都忍不住喜极而泣了，他们用颤抖的双手打开了那壶支撑着他们精神和信念的水壶，然而，缓缓倒出来的并不是水，而是沙子。原来队长为了让大家能够坚定活着走出沙漠的信念，装了一壶沙子骗大家说还有一壶水，于是大家靠着一壶"水"的力量支撑着，走出了沙漠，活了

下来。在炎炎的烈日下，真正救了大家的不是一瓶沙子，而是他们心中执著的信念。人生从来就没有真正的绝境，无论遇到什么困难，遭受多少艰辛，只要心中怀有一粒信念的种子，那么，人们总会突破千难万险，走出困境，取得胜利。

　　"信念"这两个字，从字面上去理解很有意思。所谓"信"分解开来就是"人言"，也就是人说的话；而所谓"念"，拆开来理解就是今天的心。那么，"信念"两个字合起来的意思就是"今天我的心对自己说的话"。不是环境也不是遭遇能决定一个人的一生，而是得看他赋予这一切怎样的意义，是否有执著的信念，这决定着一个人的未来。1989 年美国洛杉矶一带发生了大地震，短短的几分钟就导致三十万人受到伤害。在一片混乱和废墟中，一位年轻的父亲安顿好受伤的妻子后，立马跑到七岁儿子读书的学校，而此时映入他眼前的是一片废墟，昔日那个充满孩子们欢声笑语的温馨的教室此刻是一片死寂。他顿时感到一阵绝望，大声呼喊着儿子的名字。跪在地上哭了一阵后，这位父亲想起自己常跟儿子说的一句话，那就是不管遇到什么事，自己都会跟儿子在一起。于是，他急忙走到儿子教室所在的位置，开始动手挖起来，在他挖掘的过程中，不断有孩子的父母赶来，但是当他们看到眼前的这一片废墟时，都绝望地离开了。也有些人来劝这位父亲，跟他讲人已经死了，做什么都无济于事，要面对现实。但这位父亲依然没有离开，因为他心中只有一个念头：儿子一定在等着自己。他不断地挖，挖到第 38 小时，他忽然听见地下传出孩子的声音："爸爸，是你吗？"是儿子的声音！这位父亲大声地呼喊着儿子，并向四周求救，最终成功地救出了自己的儿子和其他 14 个孩子。原来，发生地震时，这些孩子都在教室的墙角，房顶塌下来刚好架起了个大三角形，孩子们都安然无恙。人们都为信念能产生如此巨大的力量而惊叹。其实决定你能否突破自我、转危为安的最关键因素便是你的信念，当你不断地告诉自己"我能行，我能做到"的时候，你就一定能做到。

　　生活中没有信念的人，犹如一个没有罗盘的水手，在浩瀚的大海里随波逐流。一位资质颇佳的乒乓球女将，本已在国际乒坛上小有名气，但她在一次国际大赛即将开始时，由于惧怕失败，竟用刀割伤自己的手，并以此为借口，临阵脱逃。因为缺乏自信，她选择了逃避、畏缩，一颗即将升起的新星从此陨落。

信念是人的精神支柱，如果一个人失去信念的话，那么他就会像无头的苍蝇、迷路的羔羊、失明的人一样，到处乱撞，没有正确的方向，最终精疲力尽而死。人生最难过的是失去信念后的空虚，人的一生不管成功与否，想要成就一番大事的人，都有一个执著的信念在支撑着他。决堤毁坝是很可怕的事情，但更可怕的是意志力和信念的崩溃，生命中什么都可以缺少，唯独不能缺少信念。

信念是一个人的精神支柱，是成功的可靠保证。当一个人拥有坚定的信念时，不论遇到什么困难，他都会迎难而上。张海迪5岁时得了脊椎病，成了一个全身三分之二都瘫痪的人，医生曾多次宣布她不可能活下来。但张海迪硬是一次又一次粉碎了医生的预言，坚强地活了下来。不仅如此，她还自学了全部中学和大学英语、日语课程，取得了哲学硕士学位并完成了100多万字的翻译作品。张海迪是和病魔作斗争的英雄，她是一个传奇。是什么力量使得当代保尔——张海迪克服了巨大困难，取得成功呢？掩卷深思，人们不由深深感悟：不正是信念的神奇力量在支撑着她走向成功吗？

正如文坛巨匠巴尔扎克所说："不幸是天才的进身之阶，是信徒的洗礼之水，是能人的无价之宝，是弱者的无底深渊。"一个人如果有坚定的信念，那不幸也未必是不幸。西汉著名史学家司马迁，在狱中饱受煎熬，却仍能在逆境中成就伟事——写出被鲁迅赞为是"史家之绝唱，无韵之离骚"的伟大著作《史记》。司马迁并非是仙人，他也是一个有血有肉的人。他也曾伤心过，也曾沮丧过，但不管怎样，在他身上始终有一股力量在催他上进，而这股力量的源泉就是信念。由此可见，信念对一个人成功的重要性。人生需要有个目标，有个信念，这样才能让自己不断努力，不断奋斗，才能迎来胜利的曙光。

信念的力量是突破自我，战胜困难的强力基石。信念的力量其实就是种子的力量。种子总会生根发芽，破土而出，形成强大的生命力。

只要种子还在，希望就在。拥有执著信念的人敢于面对自己的人生，能够勇敢地迎接挑战，这样的人拥有不屈不挠的战斗力，能够突破重重障碍，用坚强和坚持来谱写生命的赞歌。

清华告诉人们，人要主动去追求自己的信念，信念的力量便是生命的源泉。一个人要想在工作上干得出色，就要努力去奋斗，即使遇到了困难，但只要想到自己的目标，坚定自己的信念，就什么问题都能迎刃而解了。人只要有一种信念，有所追求，那么什么苦他都能忍受，什么环境也都能适应。信念是人生道路上的一颗璀璨明珠，不仅能够在太阳底下光芒四射，也能在黑夜里熠熠发亮。很多从清华毕业的学子都在各自不同的领域里取得了成功，就是因为这些清华学子始终相信：信念的力量是无穷的。在人生的旅途中，又有什么能够与之抗衡呢？

4
成功往往属于那些坚持不懈的人

　　哲学家塞内加说："只要持续地努力，不懈地奋斗，就没有征服不了的东西。"一个人想做成任何一件大事，都需要不断地坚持，不懈地努力才能取得成功。克服困难并不难，难的是能否持之以恒地坚持下去，直到最后的胜利。每个人都怀有梦想，但不是每一个人都能够把自己的梦想实现。社会是现实的，总会有这样那样的事情发生，只有那些不畏惧艰难困苦、坚持不懈的人，最终才能取得胜利。坚持一下，成功就在你的脚下。

　　王献之是我国著名书法家王羲之的第七个儿子，他从小就聪明好学，在书法上也颇有造诣，专工草书隶书，画画方面也很擅长。王献之七岁的时候便开始跟着父亲学书法，有一次，王羲之看见儿子正在专心致志地练习书法，于是悄悄走到儿子背后，突然伸手去抽王献之手中的笔，然而，王献之握得很紧，笔没有被抽走。王羲之非常高兴，夸奖了儿子，说他以后一定会有名气。小献之听完后心里沾沾自喜。还有一次，王羲之的朋友让小献之在扇子上题字，献之拿起笔便写，不小心笔掉在扇上把扇面弄脏了，小献之灵机一动，画了头栩栩如生的小牛在扇面上。朋友们对王献之的书法和绘画都赞不绝口，这让小献之心中更加骄傲了。王羲之夫妇看到这情况，便开始想办法教导小献之。有一天，小献之问母亲，是不是自己只要再写上三年的字就可以赶超父亲了，母亲摇了摇头。小献之便说五年总该可以了吧，母亲还是摇了摇头。这时候，王献之急了，问母亲到底还要多少年自己才能出师。王羲之这时也听到了他们的对话，便说："你要记住，等你写完院子里这18缸水，你的字才会有筋有骨，才会饱满，才能有力道。"王献之听后心中很是不服，可什么都没说，一咬牙又坚持练了五年，后来，他把一大堆写好的字拿给王羲之看，希望能获得父亲的表扬。然而，王羲之每掀一张就摇一次头，直到翻到一个"大"字时，才露出了比较满意的表情，于是拿起笔在"大"字下添了一点，便把所有的字稿都还给了王献之。母亲看了王献之写的字，叹了口气说："我儿练字三千日，只有这一点像羲之写的！"王献之觉得很是泄气，很气馁地对母亲说："这一点是父亲后来添上去的。照这样下去，我什么时候才能练好字啊？"母亲觉得他的骄傲之气已经没有了，便鼓励他说："孩子，只要功夫深，努力坚持，没有过不去的河，也没有翻不过去的山。你只要像这几年一样坚持不懈地练字，就一定会成功的！"王献之听完母亲的话后，便下定决心要坚持下去。皇天不负有心人，随后的几年，王献之练字把整整18大缸水都用完了，书法也进步神速。通过坚持不懈的努力，王献之的字已经达到了遒劲有力、力透纸背的程度了，人们也因为他炉火纯青的书法，将他的字和其父王羲之的字并列，并将他们父子二人称为"二王"。想一想，如果王献之没有坚持下来的话，他还能有那么大的成就吗？贵在坚持，只有坚持，才有可能获得成功，如果一个人连坚持都做不到，那还有什么成功可言呢？坚持就是胜利，只有坚持不懈，永不言弃，生活才会充满希望。

立志不坚，终不济事。人生就像一场马拉松，要想到达终点就必须要坚持。人不是为了失败才来到这个世界上的，人们永远无法预知下一秒会怎样，只有坚持的人，才能走到最后。"乘风破浪会有时，直挂云帆济沧海。"只有坚持不懈，才能拥有美好的明天。坚持是一种令人震撼的美。四川汶川大地震中那些被埋在废墟下一百多个小时最终被救出来的人们，他们都是凭着自己的坚持，等到了救援，获得了重生，创造了一个又一个的生命奇迹，谱写了一曲又一曲的生命赞歌。可见不管遇到什么困难，只要坚持下去，化压力为动力，并持之以恒，总有一天会收获成功。

　　1832 年，林肯失业了，这让他非常难过，于是他下定决心要当政治家。然而，不幸的是，他在竞选州议员的时候失败了，于是，林肯便又开始着手创业，可是没到一年的时间，企业又破产了。在那之后十七年的时间，他必须要偿还企业倒闭欠下的债务。林肯一次又一次地尝试，但却是一次又一次地遭受失败。这接二连三的打击让他非常痛苦。尽管如此，林肯还是没有放弃。1846 年，他又一次参加了国会议员的竞选，这一次，他终于当选了。时间过得很快，两年的任期眨眼之间就到了，他决定了要争取连任。然而，不幸的是，他又一次落选了。这次竞选林肯赔上了很多钱，为了偿还欠款，他便去申请当本州的土地官员，但是州政府把他的申请退了回来，认为他没有资格做本州土地官员。1854 年，他竞选参议员，落选了；两年后，他又去竞选美国副总统，结果还是以失败告终；又过了两年，他再次参加了参议员的竞选，然而还是失败了。虽然一次又一次失败，但林肯始终没有放弃，他坚持做自己命运的主宰，终于在 1860 年当选为美国总统。坚持一下，成功就在脚下。虽然这途中会经历无数次的失败，遇到无数次的挫折和磨难，但只要能坚持下去，就一定会收获辉煌的成就。一时的失败并不意味着永远的失败，一时达不到目标并不说明永远都达不到目标。只要坚持不懈，就总会迎来胜利的曙光。

　　清华的学子都拥有坚韧的意志力。他们相信只有自强不息，坚持不懈，才能实现自己的梦想。他们牢记着清华"自强不息，厚德载物"这一校训，并付诸实践。清华的学子深深明白一个道理：完成伟大的事业需要始终不懈地坚持。坚持的现在是进取，坚持的明天就叫成功。当轮椅上的霍金，用双脚弹奏出自己靓丽人生的第一季，当失聪的贝多芬演奏出了《生命的交响曲》……大家可以想象，是什么力量让他们做到了这些对他们来说不可能完成的事？不错，就是坚持。只有坚持才能让人生变得不平凡；只有坚持才能创造出一个又一个的奇迹；也只有坚持，才能获得成功。梦，是每个人都可以做的，但却不是每个人都会实现的。只有那些坚持不懈、持之以恒的人才能收获胜利的果实。

一个人既然期望能够拥有辉煌伟大的人生，那么就应该从今天开始，以毫不动摇的决心和坚定不移的信念，凭借自己的智慧和毅力，去创造属于自己的成功。现实是残酷的，社会竞争越来越激烈，追逐成功的路上遇到困难和曲折是在所难免的，但只要有恒心，为了理想永不言弃，只要坚持不懈地努力，就完全可以拥抱辉煌。世界上并没有那么多天才，那些成功的人是因为他们能够一步一个脚印朝着心中的目标前进，坚持不懈，持之以恒。"骐骥一跃，不能十步；驽马十驾，功在不舍。"成功没有秘诀，贵在坚持。任何伟大的事业都是成于坚持不懈，毁于半途而废。人世间最简单的事是坚持，最困难的事，也是坚持。说它最简单是因为只要愿意，人人都能做到；说它困难是因为能坚持到最后的人，寥寥无几，而成功往往属于那些坚持不懈的人。

5

失败是成功之母

清华大学电子工程系毕业的张卓在一次访谈中说："用很多失败来积累一个成功。"他在接受采访时提到自己的成功就是在失败中获得的。也许大家看到的都是他辉煌、优秀的一面，但张卓自己却说他的成功是建立在无数失败之上的，而那一张张看起来很优秀的成绩单只不过是从众多失败中总结出来的一些为数不多的成功罢了。"失败是成功之母"这句话一点也不假，要想获得成功，就不要惧怕失败，要做到"自强不息"。因为只有自强不息，才能从奋斗的过程中获得不断前进的正能量，从而取得成功。

失败，人人都会经历。失败其实并不可怕，相反，它是人们通向成功的第一步。只有经历过失败的磨难，才能有资格谈论"成功"二字。成功是一种自我能力的表现，同时也是正能量发挥到极致的一种体现。如果失败了，并不表明你真的不行，而是在考验你是否能够从负面能量中破茧而出，重新积攒正能量，重新树立一种坚持到底、持之以恒的决心。失败并没有什么，就算是名人也会失败。古今中外哪一个有成就的人不是经历了无数次失败、从失败的泥坑中坚强地爬起来，然后一如既往地去拼搏才有了伟大的成就？大发明家爱迪生一辈子有一千多种发明，可是他失败了上万次。爱迪生在制造电灯时，为了寻找适合做灯丝的材料，和助手反反复复试验了一千多种材料，然而最后都以失败告终。他的助手非常气馁，灰心丧气，便对爱迪生说："这项发明已经失败了一千多次了，看来是没有希望了，我们是不是应该考虑放弃这个项目了。"然而爱迪生却笑了，说："不，我认为这不是失败，相反，我们已经成功找到了一千多种不适合用来做灯丝的材料，哪怕我们没有成功地发明电灯，后人也可以从我们的试验中得到启发，可以少走一千多次弯路，最终发明出电灯。"爱迪生继续试验，最终发明了电灯。正是由于爱迪生的耐心与信心，才使得他在一千多次的失败后成功地找到适合做灯丝的钨，发明出了电灯，这也成为人类历史上一项伟大的发明。爱迪生不但积极面对失败，而且认识到成功就隐藏在失败中，他对自己充满信心，分析每一次失败的原因，并加以总结和思考，加倍努力地投入到工作中，最终取得了成功。很多时候，失败并不是最可怕的，可怕的是一个人对待失败的态度。只有那些敢于面对失败、接受失败、不屈不挠的人才能从失败中吸取教训，走出负面能量的束缚，重新积聚自身的正能量，最终获得成功。

在现实纷繁复杂的社会中，任何人都不可能只拥有成功而不经历失败。成功和失败是一对孪生兄弟，总是相生相伴。成功的道路是曲折坎坷的，失败是在所难免的，而人的一生只有经历过失败，才能体会到真正的生活以及成功后的喜悦。一个人如果一遇到失败就轻言放弃、萎靡不振的话，那么他将陷入更大的失败和痛苦之中，将永远看不到胜利的曙光。如果你勇敢地去面对失败，就会惊奇地发现，失败其实也是一种收获，其中也酝酿了成功的种子。失败是成功的肥沃土壤，只要能在失败后不断总结，并更加努力地去拼搏，你会发现成功就在不远处向你招手。

1937 年，清华物理学教授赵忠尧从英国剑桥大学学成归国时，卢瑟福交给赵忠尧五十毫克放射镭让他带回国。回国后，为了能够找到清华大学的师生们，他化装成难民，冒着极大的生命危险，将装了镭的铅筒放在一个咸菜坛子里，并将它们带到了长沙。后来，清华物理系打算利用这五十毫克镭建造一台小型的回旋式粒子加速器，以满足给高年级学生开设高能物理课程的需要。在试验正式开始时就遇到了一个大难题，那便是需要大量的钢铁。在战争时期，钢铁属于军事物资不允许在市场上买卖。物理系没有别的办法，只得发动高年级学生去收集废旧钢铁，杨振宁、朱光亚、黄昆等高年级同学首先被动员了起来，他们每天都拎着箩筐，拿着麻绳在城里走来走去、四处寻找，到后来他们的鞋子都磨破了，衣服也被捡来的钢铁勾破了，然而他们并没有因此而放弃，而是依然坚持四处收集破钢烂铁。为了把那些收集来的废旧钢铁炼铁为钢，物理系又悄悄地在学校的后山上建了一座小高炉专门来炼钢，但是几个月过去了，收集到的废钢铁还是远远不够实验用，最终联大物理系研制回旋式粒子加速器的计划还是失败了。但是大家并没有因这次失败而灰心丧气，相反，这项实验激励了中国一代又一代的物理学家。1959 年，赵忠尧教授亲自参加了研制中国第一台粒子加速器的工程，并取得了划时代的成功。正是由于他们不惧怕失败，拥有强烈的意志力和刚毅的精神，才使得他们最终取得了成功。失败与成功并不是绝对的，失败并不是对成功的彻底否定，而是通向成功道路上必经的过程。失败是成功的基础。失败了并不能说明什么，只要能从失败中总结教训，不断分析，就能获得正能量，从而增强自己的意志力，最终取得成功。

人生的路途有挫折，有失败，有快乐，有成功，这些都是构成我们五彩斑斓生活的元素。失败并不可怕，可怕的是失败后不去思索，不去吸取教训。人生要像追求成功一样去坦然面对失败，不要因一时的失败而意志消沉。当一个人超越失败后，就会发现成功其实就是一个一跨即过的栏杆，失败的次数越多，你离成功的距离就越近。

在美国，有一位非常穷困的年轻人，即使他把全身上下值钱的东西加起来也买不了一件像样的西服，然而，他并没有因此自卑，他坚持着自己的梦想，他想成为演员，拍电影，成为一名明星。他清楚地知道好莱坞当时有五百家电影公司，于是他就将这五百家公司排好顺序，计划好路线，一家一家地去拜访，但一轮下来，五百家电影公司没有一家愿意聘用他。面对这五百次的拒绝，这位年轻人并没有灰心，他还是坚定自己的梦想，重新开始一家一家地再去拜访这五百家公司，结果还是一样，他再一次遭到了五百次拒绝，他又失败了。这位年轻人依然没有气馁，也没有放弃，他坚信自己一定会成功，一定会成为明星。于是，他又第三次轮番去了这五百家公司，不幸的是，还是没有一家公司愿意接受他。这位年轻人咬紧牙关开始了第四轮的拜访，当他再次被拒绝第 349 次后，第 350 家电影公司的老板破天荒地答应留下他的剧本看一看，几天后，年轻人收到通知，请他到公司去详细商谈。就在这一次的商谈中，这家公司决定投资开拍这部电影，并让这位年轻人担任他所写剧本中的男主角。这部电影就是红遍全世界的《洛奇》，而这位年轻人就是史泰龙。史泰龙总共被拒绝了 1849 次，然而他并没有打退堂鼓，而是为了自己的梦想坚持不懈，终于在失败了 1849 次后取得了成功。他的事例再次证明了"失败是成功之母"。生活就是这样，不断地经受磨难，才能不断地触发心中的正能量之源，使自己变得更加坚强。一个人从失败中学到的东西，远远比从成功中学到的要更多。要想获得成功就必须有坦然面对失败的勇气，要有坚韧不拔的意志力。

没有失败，就没有所谓的成功。美国前总统尼克松因"水门事件"下台后，一个老先生就这样对他说："不管你是已经被打倒，还是快要支持不住了，都请你时时刻刻记住，生活就是 99 个回合。"这一段话使得尼克松决心抛掉以前种种的不幸，重新为获得成功而拼搏。如果当年尼克松在遭受打击后意志消沉，萎靡不振，那他后来还能对世界产生那么大的影响吗？还会有那么多优秀的作品问世吗？面对失败时能够坚持不懈、一如既往地努力的人，才能到达成功的彼岸。

失败是成功之母，失败和挫折只会使人不断趋于完美，变得更加优秀。正如清华校训所说的"自强不息"，不管遇到什么挫折，只要自己不放弃，继续努力，心中怀抱着不达目的决不放弃的勇敢拼搏的精神，就算是失败了 N 次，只要他们内心的意志力坚强，就一定会在 N+1 次的奋斗中成功的。

第九章

【责任正能量】

清华用雄心壮志担负起的社会责任

在社会生活中，每个人都扮演着不同的角色，而每一个角色都连同着一份责任共同存在。正如清华人所说的那样，责任有多大，成就就会有多大。责任也是动力。正是因为拥有一份强烈的责任心，才驱使人们不断努力，不断前进，从而才能享受到承担责任的喜悦。时代需要正能量，社会也在呼唤正能量。作为一名合格的中华儿女，要时时刻刻牢记着自己肩上的责任，学习清华人投身到祖国最需要的地方去的精神，为祖国的建设献言献策，时时刻刻准备好报效国家，报效社会。可是，光拥有责任心还不够，关键是要把责任落实到位。没有执行到位的责任，一切都是空谈。缺少责任心的人就好比是一片飘忽不定的树叶，没有安全感，更无所依托。只有那些有着超强责任感的人，把责任落实到位的人，才能不断发展，实现自身的人生价值。

1

清华人心存的责任：我需要为社会建设献言献策

"拥有了社会责任感，也就拥有了与天下下棋的可能。"一提起清华大学、清华人，人们总能联想到"中国的栋梁"、"中国一流"、"中国高素质人才培养"等一些让人一听就振奋人心的词语，其中蕴含着深厚的社会责任。原清华大学党委书记陈希教授在考察清华大学教学站工作时，说过这样一段话："清华大学除了要不断提高自己的学术水平和培养好学生外，更重要的是要承担起国家一些具有战略意义的重要任务，在这些具有重要意义的战略任务中要发挥作用、作出贡献，清华大学应积极参与，义不容辞。"陈希教授的这番话体现出了清华大学超强的社会责任感。

清华大学研究生会主席张勤在访谈纪实中多次提到，在清华所学的东西让自己受益终生，尤其是心系天下的责任感。从进入清华到毕业后踏入社会，张勤的理想就一直很坚定，那便是"从政，改变国家"。深受清华的影响，张勤一直努力地承担身为清华人对于国家的那份强烈的责任感。为了这个理想，他不断地努力，为同学服务，在校期间，他担任过班长、校研究生会主席、全国学联副主席；为了这个理想，他放弃了国外优厚的条件，毅然选择了回国，为祖国的建设贡献自己的一份力量。他认为，作为清华人不光是要找到一份稳定的工作，更需要时时关心祖国的未来，关心国家的建设。作为清华学子，一定要明白国家对自己所寄托的期望，更要承担起身上的责任，积极地投入到国家建设中去。清华虽然经历了百年的发展历程，但是，清华人始终牢记着自己肩上的担子，一直传承并积极履行着他们所承担的社会责任。他们以自己高度的社会责任感搭建了清华大学教育扶贫这个平台，进行着"传播知识、消除贫困"的公益事业。在这个过程中，清华大学以自身丰富的优势教育资源以及渠道平台搭建方面的实力，利用现代技术在各地建立起教育扶贫教学站，给贫困地区带去了各种资源，让当地学生感受到了知识的力量。清华大学教育扶贫项目是一个功在当代、利在千秋、利国利民的好项目。他们为老百姓办了一件实实在在的好事，不仅向贫困地区的人们普及了知识，更激起了他们求知的欲望，为他们提供了一个再学习的良好机会。清华大学自觉地承担起"传播知识、消除贫困"这一社会责任，不求回报默默付出。这一点也正体现了清华人心系国家的强烈的社会责任感。

俗话说"天下兴亡，匹夫有责"。"我需要为国家建设献言献策"是每一位清华人心存的责任。有着良好的节约传统的清华，将"节约"体现在许多科研成果中。清华大学不仅建立了建筑节能研究中心，还与美国宾夕法尼亚大学合作，共同建立节能研究中心，最终在清华大学建立了中国首座超低能耗示范楼，近百项国内外最为先进的建筑节能技术产品纷纷在示范楼展示出来。超低能耗示范楼综合了各种功能，包括示范、展示、试验等功能，成为中国首个综合多功能的绿色建筑，清华大学为建设节约型社会作出了切实的贡献。为了满足国家战略的发展需求，清华大学在学校各项工作中，合理利用各项资源，厉行节约，开展了节约教育，在学校各项工作中努力体现节约型社会的要求。不仅如此，学校还把"节约"纳入到学校的相关考核和奖励机制中去，把培养学生的节约意识和行为内容纳入到考核中，把建设节约型大学作为发展目标，为国家建设奉献自己的一份力量。清华时时刻刻都心存责任，响应着国家的号召，为国家建设献言献策，用实际行动去报效祖国。

清华大学前任校长顾秉林院士在首届清华大学危机管理论坛上指出，各行各业的专家之所以能相聚在清华大学，很重要的一个原因就是大家都认识到了通过危机管理论坛，大家可以为国家建设献言献策。

2003 年非典型肺炎在全球范围内的扩散和蔓延，引发了社会各阶层的关注和思考，人们普遍认识到危机管理的迫切性和重要性。创办"清华大学危机管理论坛"表现了清华大学和全社会对管理领域的探索和思考。在中国经济飞速发展的现在，是否能够及时有效地处理各种类型的危机事件，对中国政府仍是一项重大的挑战，而清华大学以学术和科研的进步来提高论坛的品质，并把论坛的成果向社会普及。

每个人在社会中都有属于自己的位置，他们所处的位置可能不尽相同，但他们却处于同一社会，共同唱着同一首生命之歌。一个人对国家、对社会有着强烈的责任心，必然会将自己的命运与国家和民族联系在一起。一个刚刚毕业的大学生，为了支援国家建设，跑到贫困山区去支教，用自己稚嫩的肩膀扛起了本不属于他们的责任，扛起了山区的贫穷与孤独，向山里的孩子传播了知识，注入了新的理念。徐本禹就是这样的学子，因为有强烈的社会责任心，放弃了城里优越的条件，只身一人来到山里支教。国家建设哪里需要人，他就来到哪里，他将自己完全投入到了国家建设中。

列夫·托尔斯泰曾经说："一个人若是没有热情，他将一事无成，而热情的基点正是责任心。"一个人有了责任心，会对生活充满热情。虽然社会上总有一些不尽如意的地方，但这也恰恰说明了社会需要责任。因此，人们拥有社会责任心才能让社会变得越来越美好，让国家建设得越来越好。学习清华人，心中始终牢记着自己的责任，不管是爱心公益也好，还是危机管理论坛为国家建设献言献策也好，都是清华人积极主动地践行社会责任的表现。作为社会的一员，支援国家建设，为国家建设献言献策不单单只是清华人的责任，而是每个人都有必要承担的社会责任。

2

雄心壮志的清华人时刻释放超强责任感

作为社会的一份子，不论是对自己、对集体、对国家、对社会，每个人都有承担一定责任的义务，没有人能够脱离责任而独立存在，责任感是人类前进、不断发展的动力。英国王子查尔斯说："这个世界上有许多你不得不去做的事，这就是责任。"清华的校训是"自强不息，厚德载物"，其中"载物"的一个重要含义就是不仅要有豁达的胸怀和广阔的视野，更要有强烈的社会责任意识。清华学生勇于扛起"社会责任"这副担子，以天下为己任，具有深厚的责任意识和奉献精神。

爱因斯坦说过："用专业知识教育人是不够的，通过专业教育，学生可以成为一种有用的机器，但是不能成为一个和谐发展的人。"培养具有强烈社会责任感的人才是清华大学一直以来的教育精神。在北京奥运期间，清华学子用热情与微笑迎接四方而来的宾客；在祖国的六十年华诞上，清华人在"同方阵"里，共同展现了他们超强的责任感，这一刻，很多人都明白了那句"选择清华，就选择了一生的责任"的内涵；在清华百年校庆晚会上，几十位将军用嘹亮的歌声向母校致敬；无数的清华人在毕业后放弃了安乐的生活，选择了到祖国最需要他们的地方去，用他们的热忱和强烈的责任意识深深震撼着每一颗心灵。

中国体育家马约翰老先生在清华任教时说："为祖国健康工作50年。"而如今，清华大学发出"我们的事业在中国"这样的号召，充分体现了清华人超强的社会责任感。责任感是中华民族的传统美德，每一个合格的中华儿女都必须勇敢地承担起属于自己的社会责任。一名公交车司机在一次行车中突然心脏病发作，在他意识到自己已经到了生命的最后关头时，坚持做了三件感人的事情：首先把车缓缓地停靠在路边，并用尽全身最后一点力气拉上手动刹车闸；然后把车门缓缓打开，让车上所有的乘客都安全下车；最后为了确保乘客和公交车的安全，他熄灭了发动机。完成这三件事后，这名司机趴在方向盘上停止了呼吸。像他这样一名普通而又平凡的公交车司机，在自己生命的最后一刻还牢记着乘客的安危，作出了如此令人震惊、令人感动的事情，在当今社会中有多少人能够做到这一点呢？这位平凡的司机做出了最不平凡、最伟大的事，他用生命告诉人们，一个人对工作的尽心和忠诚不是完全靠个人的兴趣爱好和金钱，还有社会赋予他的责任。承担了一份社会责任，更是拥有了一份高贵的价值。

社会学家戴维斯说："放弃了自己对社会的责任，就意味着放弃了自身在这个社会中更好的生存机会。"责任不仅仅是意味着付出，同时也能让你在付出时有着意想不到的收获。在当今社会，冷漠的人越来越多，不然不会有"小悦悦事件"的发生。令人震惊的三鹿奶粉事件，正是由于无良商家在利益面前良心和责任感的丧失，危害了人们的生命安全。因此，唤醒人们强烈的社会责任意识刻不容缓。而勇于承担责任的人，别人也会尊重他高尚的品格和人格魅力。大禹把对百姓对社会的责任放在第一位，为了治水三次经过家门口都没有进去；诸葛亮一心一意为了国家，才有了"鞠躬尽瘁，死而后已"；任长霞同样也是为了社会的安危"嫉恶如仇驱邪恶"，甚至付出了自己的生命，赢得了人民的敬佩。正是他们拥有强烈的责任感，他们的赤子之心才会散发出美丽的光芒。

作为中华儿女，就必须要有强烈的责任感。一个人的责任感的强弱不仅决定了他在生活和工作上的态度，也决定了这个人做事情的好坏程度。在 1998 年洪水泛滥的危难关头，是那些勇敢的人民子弟兵们手挽着手用自己的身体筑成了一道坚固的人墙来抵挡洪水的肆虐。面对灾难，是强烈的社会责任感让他们无所畏惧，即使是付出生命的代价也丝毫没有让他们退缩。当他们喊出口号"人在堤在，人亡堤亡"时，表现出来的是对人民、对社会、对国家的超强的责任感。"责任重于泰山"，这是每一位清华人从来都无法抛弃的"行李"。

做一个坚强有责任感的人，才能让自己不断成长，也是对自己负责。一个 11 岁的美国小男孩在踢足球的时候，不小心把隔壁人家的窗户玻璃给弄破了，邻居发现后非常生气，要小男孩赔偿损失，一共是 12.5 美元。小男孩知道自己犯了错误，被吓倒了，对于这些赔偿金他更是束手无策。他把自己闯了祸的事情原原本本地告诉了父亲，并向父亲表达了自己的悔意。于是，父亲便拿出了 12.5 美元对他说："这钱可以借给你，但一年后要还给我。"从此，这个小男孩便开始了他很艰苦的打工工作。经过半年的努力，终于将欠下的 12.5 美元还给了父亲。这位小男孩就是后来的美国总统罗纳德·里根。他自己说道："通过自己的劳动来承担过失，让我懂得了责任到底是什么。"

人既然是社会中的一分子，就应该尽自己的力量去承担社会所赋予的责任。《西游记》中孙悟空爱打抱不平，他一路保护唐僧西天取经，斩妖除魔，不管遇到什么困难他都没有放弃自己的责任。所以，只有在自己先承担起应尽的责任时，才能体现出自己的价值。

对国家、对社会负责，是每个公民都应该尽到的义务。虎门大战，62 岁的老将关天培带领着数百名士兵，凭借着仅有的两门大炮抵抗着国外列强主义的炮火，尽管他重创了敌人，然而，最终还是因为寡不敌众而英勇就义了，他手下的那些士兵面对列强大炮的轰击，没有一个退缩，全都拼命作战。"天下兴亡，匹夫有责"，岳阳楼下，滔滔江水在拍打着江岸，而在岳阳楼上，范仲淹则激动地放声高喊："先天下之忧而忧，后天下之乐而乐。"对社会、对国家负责，是社会中每一位成员的责任。杨利伟为了完成祖国飞天的梦想，在经历了艰苦的训练之后遨游于辽阔的宇宙，顺利地完成了祖国和人民交付给他的使命；姚明为了让外国人看到中国人奋斗的激情，坚持不懈地努力，在异国他乡努力拼搏，一度为世界第一中锋。

责任，是每个人都应具备的朴素而又高贵的优秀品质。责任感不仅仅是对自己、对家人负责，更是对国家和人民的高度的负责。每个人都应该正确认识祖国的历史和现实，增强爱国的情感和振兴祖国的责任感，树立民族自尊心和自信心，用自己的实际行动为祖国增添光彩。每个人都有自己的处世之道，但不管怎样，每个人都应该在自己的人生道路上肩负起自己的责任感，一个有责任感的人才能赢得他人的尊敬，一个拥有责任感的人才能得到别人的信任。社会需要责任，国家也需要责任感。每个公民只有感知到自己所肩负的责任，努力奋斗，在责任感的召唤下，才能对社会作出应有的贡献。

学习清华人厚德载物的精神，不仅要学习清华人沉稳的气魄，更要学习清华人肩上那份超强的责任感，拥有超强的责任意识，到祖国最需要的地方去，以天下为己任。责任心是一种非常重要的素质，是成为一个优秀的人所必须的品质。责任不是一个人的责任，是大家的责任。林肯总统说："人一旦受到责任感的驱使，就能创造出奇迹来。"人人时刻拥有超强的责任感，社会会变得越来越美好。

3
缺少责任心好比是一片飘忽不定的"树叶"

　　责任并不是一个美丽的字眼，它仅有的是岩石般的冷峻，当一个人真正地成为社会中的一分子的时候，责任便被作为一份礼物毫无征兆地降落在他肩上。责任心是做人的道德标准，它代表的是一个人的品质，一旦失去了这种标准，不管是做事还是做人都会一败涂地。责任可以使人变得稳重，有责任心的人可以让人信任和依赖，而那些没有责任心的人将会变成人人厌恶、一事无成的人。

　　责任可以让人们将事情做完整，并且做得出色，而缺乏责任心的人往往做事情随随便便，既不投入，也没有感情，注定是不会获得成功的。有一位在日本留学的中国学生，在日本的一家餐馆找了份洗盘子的工作，这家餐馆严格规定：所有的盘子和碗碟等餐具都必须要洗刷七遍，以确保干净卫生。一开始的时候，这名学生还严格按照规定来工作，将所有的餐具都洗了七遍。可是，慢慢地这位学生觉得洗七遍太麻烦了，一点都没有必要，于是他便将洗刷的次数降到五遍，这样一来，大大提高了他的工作效率，老板也夸奖他工作成绩很好。于是，其他同事就问他是怎么做到的，这位学生洋洋得意地说出了自己只洗了五遍餐具的事情。后来这件事被老板知道了，就把这名学生找了来，让人把洗了五遍的盘子和洗了七遍的盘子摆在一起，让这位大学生指出这两只盘子有什么不同。这位大学生看了一眼，满不在乎地说它们并没有什么不同，都一样是很干净的。老板听完后拿出试纸在两只盘子上都擦了下，再让学生看。然后说道："这两只盘子表面上看去并没有什么不同，但是只有洗了七遍的盘子才达到了卫生合格的标准，洗五遍的盘子还不能把细菌全部杀死，一旦细菌繁殖了，就有可能致使客人因为用餐不干净、细菌感染而生病甚至中毒。这就是为什么盘子一定要洗七遍的原因。"餐厅的老板因为有着强烈的责任意识，所以才会要求餐具要清洗七遍，而这位大学生没有丝毫这样的责任意识，餐馆老板考虑到餐馆的声誉和客人就餐的安全，便把这位学生给解雇了。这位学生于是又去别的地方找工作，但每到一家餐馆，餐馆老板都会说："你就是那位洗盘子只洗五遍的人吧！我不可以雇用你。"缺少责任心的人不会对自己应做的事情负责，自然也就不会被人们所接受。

责任心是人的一生中必不可缺少的东西，只有拥有责任心的人才能成就一番事业。弗兰克在经历了艰苦的奋斗后，用自己的积蓄开办了一家小银行，但是，一天他的银行被抢劫了，由于损失巨大，银行破产了，那些在他银行开了户的储户们都失去了存款。当他带着自己的妻子和四个儿女重新开始的时候，他下定决心要还上那巨额的存款。身边的人都劝他不要这样做，因为在那件事上他根本没有责任。但是，弗兰克却说道："是的，在法律上我是没有责任，但在道德层面上，我有这个责任把钱还上。"没有人能想象这个巨额的偿还代价是弗兰克一家人三十九年的艰苦生活。在归还了最后一笔债务时，弗兰克表示自己终于可以安心了。他用尽一生的辛苦和汗水来完成这个责任，而给世界留下了一笔宝贵的财富。这是一个真正有责任心的人，用自己优秀的人格品质向世人证明了责任的意义。

拥有责任心的人拥有真情，他能读懂和明白世界的一切东西，总能让人感动。美国记者吉埃丝到日本东京出差，她来到小田急百货公司买了一台唱机，打算把它作为见面礼物送给住在东京的婆婆。在百货公司里，售货员笑容满面，非常有礼貌地帮着吉埃丝挑了一台还没有开封的机子给她。然而回到婆婆住的地方，当她拆开包装时，才发现机子没装内件，根本没办法使用。吉埃丝当时非常生气，想到自己上当受骗了她就火冒三丈，准备第二天一清早就去百货公司质问。当晚她就很气愤地写了一篇新闻稿"笑脸背后的真面目"。第二天清晨，一辆汽车来到了她的住处，从车上下来两个人，他们一走进客厅就俯首道歉，告诉吉埃丝他们是小田急百货公司的总经理和职员。吉埃丝想不明白百货公司是怎么找到她的。这时那位职员打开了记事簿，讲述了事情的大致经过。原来，在昨天下午百货公司清点商品时，发现一个空心的样品唱机被卖了出去，这件事情非同小可，将会直接影响到公司的信誉。于是，总经理立刻召集所有人员商量寻找吉埃丝的办法，而当时只有两条线索可以寻找，一是顾客的名字，还有就是吉埃丝留下的一张美国快递公司的名片。根据这两条线索，百货公司展开了一场相当于大海捞针的寻找行动，职员们加班留下来打电话，向东京的所有宾馆查询，但都没有结果，百货公司还连夜打电话到名片上提示的美国快递公司的总部，半夜才等到回电，他们终于获得了吉埃丝在美国父母的电话号码。于是，他们又打电话到美国，才得到了吉埃丝东京婆婆家的电话和住址，这期间他们一共打了三十五个紧急电话，才在一大早找了过来。职员说完后，总经理把一台完好的唱机和一张唱片、一盒蛋糕一并送上，并向吉埃丝再次表达了歉意后才离开。吉埃丝非常感动，也很敬佩百货公司这种责任心。于是她立即把原先写好的新闻稿删了，重新写了一篇，题目就叫做"35 个紧急电话"。由此可见，拥有责任心就能做好每一件事情，赢得他人的尊重，同时也提升自己的价值。

责任心的存在，就像是上天给大家的一种考验，通过考验的人就获得了成功，而那些没有通过考验的人就好比那飘浮不定的树叶，无树可依，一无所成，甚至还会背上千古骂名。1998 年长江洪水暴发，由于九江段的堤坝决口，洪水犹如猛虎下山一样瞬间淹没了大片土地，许多城区转眼之间变成了泽国。有谁能够想到，在决口的防护墙里竟然没有看到水泥中含有半根钢筋，构筑结构松散，没有一点承受力，在洪水多发区，这样的防护不堪一击。贪污官吏与承包商没有一点责任心，拿百姓的生命开玩笑，没有一点责任感，为了自己的利益，将人民的财产与安全置于不顾。像这样缺乏责任心的人最终会遭到世人的唾弃。1990 年，北京亚运村附近的"中国体育博物馆"建成不到 15 年，地基就出现了下沉的现象，大面积的地板和墙壁都出现了裂缝，连承重的钢梁都断裂了，这俨然成为了一座危楼。可想而知这栋楼存在着多大的安全隐患，而令人感到讽刺的是，这栋建筑在建成时曾获得建筑大奖鲁班奖。从这些一再出现的豆腐渣工程中可以看出一些人严重缺乏责任心，不过这些蛀虫最终也尝到了恶果。

与那些没有责任心的人相比，有的人却是这样做的：四川省优秀校长叶志平在桑枣中学教书三十多年，他长期致力于学校安全教育建设，在"5·12"大地震中，该学校的师生没有一人伤亡，他被人们亲切地称为"史上最牛的校长"。地震发生时，叶志平正在绵阳出差，地震一过，他便火速赶回学校，他担心的是那栋装着七百多名学生的实验教学楼能否在地震中挺住。那栋实验教学楼是桑枣中学八栋建筑物中的其中一栋，也是盖得最早的楼房之一，因为当时学校没钱，只能盖成那种造价便宜的楼房，其质量可想而知。当时这座楼的墙壁、楼板都是空心的，没有水泥，用的都是竹条。叶志平在担任学校的校长后，向教育局借钱，开始重建，重新维修加固。用了三年的时间才把"豆腐渣"实验教学楼彻底建牢固了。相比那些在地震中顷刻就倒的豆腐渣工程，这体现了一个有责任心的人才会拥有的伟大人格，他们伟大的事迹才会为人们所称颂。

身为一个社会人，最重要的是要有一份责任心。要对自己的所作所为负责，对他人，对社会要有责任感。只有充满责任心的人才能专心致志地做好一件事情，才能赢得他人的信任和尊重。而缺少责任心的人就像是那一片飘忽不定的"树叶"，不能服务别人，也不能成就自己。就像列夫·托尔斯泰说的一样："一个人没有责任心，那他将注定一事无成。"

4

清华学子的与众不同——将责任始终落实到位

责任重于泰山，落实责任不仅是责任心的体现，也是在向社会传递一种正能量。清华大学中国金融研究中心副主任陈云博士在一次座谈会上提出："责任是不分大小的，关键在于能不能落实。"社会工作和生活都是由责任相连成的，它们把整个社会构成了一个责任圈。责任是否能落实到位，具有很大的影响，陈云博士还举出了一些例子来证明责任执行力的重要性，他更是要求清华学子要始终坚持把责任落实到位。

作家吴思根据对当代中国的一些现象和特征的观察和揣摩，提出了"潜规则"一词，它的意思是明文规定的背后往往隐藏着另一套不用明说大家都懂的规矩，它虽然不是正式的规章制度，但大家为人处世都会遵从这一规矩，它是社会存在的一些"陋规"。许多人在落实责任过程中习惯性地按潜规则来办事，造成了责任无人承担的局面。广东一家经营电器的企业，业务部的人和财务部的人吵得不可开交，原因是不知从什么时候开始形成了这样一种习惯：原来由财务部负责的产品销售的款项，不知从什么时候开始由业务部负责催讨。业务部的人在多次催讨都没有用的情况下，便去求财务部的人帮忙，而财务部的人也因为销售款项还没有到位被上级领导训斥，便也急着来找业务部的人，两个人一见面就开始互相抱怨，随即争吵了起来，互相责备，越闹越大……经调查后发现，这家企业存在的最严重的问题就是员工都习惯了按潜规则办事，造成各部门一碰到事情就互相推诿，其根本原因还是在于公司制度的不完善，责任没有具体落实到位，各部门责任界限模糊，从而导致了大家都不愿承担责任，喜欢推脱给别人，造成了责任心的严重缺失。

没有落实的责任就是无效的责任，不管责任是大还是小，只要没有落实到位，所有的一切都是无用功。一家软件开发公司这些年来业务发展得很不错，吸引了很多名牌大学的优秀毕业生。为了确保业务部门能够找到优秀的人才，公司制定了一套非常严格的招聘制度和程序。这一次，公司的人力资源部根据公司的需求决定暂时只招聘软件工程师和市场营销两个方向的人才，其他类的毕业生暂时不招。公司经理的大学同学向他推荐了一位学管理专业的毕业生，尽管经理觉得这样与公司制定的招聘制度不符合，但还是希望由人力资源部的人来做出决策，于是，他就把那位管理类的毕业生的资料交给了人力资源部。人力资源部的人于是开会讨论，刚开始的时候大家都不发言，过了好一会儿，其中一个人说觉得这个毕业生的知识面还可以，虽然对管理实践不是很熟悉，但应该是有潜力的，其他人听完后都纷纷点头，认同这个人的说法。于是，这名管理生被公司录用了。他来公司上班后便到经理办公室道谢，经理很诧异，为什么这名管理生资质平平而人力资源部却违背了刚刚制定的招聘制度把人招了进来？于是，人力资源部的其他人开始指责会上第一个发言的人，第一个发言的人说大家既然是开会最后就要达成共识，他只是表达了自己的看法，如果不对，大家可以说出其他的意见。可是大家只是附和，并没有人提出自己的想法。可见，没有自己的见解，人云亦云很容易忽视了自己的责任，这样一来，就没能有效地落实自己的责任，导致一些不必要的损失。

落实责任是对自己的所作所为负责，对他人、对集体和对社会负责。清华学子与别人不同的是，他们不仅拥有超强的责任心，而且始终坚持把责任落实到位。清华学子徐铁成的光辉事迹在北京教育界和清华大学引起强烈反响。徐铁成立志要为报效祖国而努力，他毕业后就投身到祖国的建设中去，在一个贫困山区从事教育工作。当时山区的学校条件非常差，而徐铁成在那里一待就是几十年，他不仅用知识教育了学生，更是用优秀的品格来影响学生。徐老师从清华大学一毕业就去了祖国最需要的地方，这样的行为，如果没有很强的奉献精神是绝对不可能做到的。正是他身上拥有着强烈的奉献精神和社会责任感，才让他坚持在贫困地区支教几十年，把这种社会责任具体落实了。他的一个学生说徐老师："在生活上是一个特别和善的人，跟学生们相处得非常好，上课也特别有趣，总能引起学生的注意，同学们都很喜欢上他的课，他是一个充满智慧、充满爱心的老师。"徐铁成从名牌大学毕业，却甘愿到条件艰苦的地方做一名普通的老师，始终坚持履行自己肩上的责任，是因为他心中有爱，他这种爱是无私和伟大的，是发自内心的。

清华大学马克思主义学院王传利副教授说："一个人的成功不在于他的职位有多高，财富有多少，而在于他为国家、为人民做了什么。我觉得在徐铁成身上体现了清华人的一种精神，就是为国家、为人民服务的精神，就是在任何岗位上都要把工作做好的精神，就是坚持把责任落实到位的精神。"徐铁成主动扎根山区，用自己的实际行动阐释了清华"自强不息，厚德载物"的精神。干一行、爱一行，徐铁成为艰苦地区的教育事业作出了突出的贡献，他不仅拥有爱国奉献、追求卓越的清华精神和强烈的责任感，而且还积极主动地把这种责任落实到位，为人们树立了一个好榜样。

清华大学毕业生谷振丰毕业后，主动选择了去西部戈壁荒漠中接受锻炼，到酒泉卫星发射基地去实现自己的人生价值。他携笔从戎，投身于军旅，为人民服务。清华有句名言广泛流传在学生之间，那便是："祖国终将选择那些选择了祖国的人。"深受清华精神的影响，谷振丰便是这句名言最忠诚的拥护者。他学的专业是飞行器设计，从踏入清华的第一天起，他就将自己的命运和祖国的航天事业紧紧地联系在一起。毕业那年，谷振丰和其他毕业生一样都面临着就业的选择，他想着选择什么样的职业才能体现出自己的价值，才能为祖国作出最大的贡献？他最终选择了国防。他并没有只考虑个人的物质条件，而是把自己和祖国事业联系在了一起。他明白选择了国防，就不应该去追求舒适的物质生活和安逸的环境，而是应该把自己奉献给祖国，奉献给国防事业，这样才能体现出自己的人生价值。为了到祖国最需要的地方去贡献自己的力量，谷振丰毅然选择了戈壁沙漠中的酒泉卫星发射中心。这是一种责任的正能量的体现。他的行为告诉人们要把自己和社会、和祖国的未来联系在一起，要完成祖国赋予的责任。

责任的落实决定了企业能否生存，个人能否成长。一个没有责任的人是没有前途的人，一个没有责任的民族是没有未来的民族，一个没有责任的集体注定是失败的集体。社会真正需要的不仅仅是有责任心的人，更是能将责任落实到位的人。只有责任落实了，才能获得更好的发展。我们都要学习清华人始终坚持把责任落实到位的精神，在社会中实现个人的价值，向更多的人传递这种正能量。

5

拥有责任心才能有更好的发展

　　一个人能承担多大的责任，就能取得多大的发展。责任心是一种优秀的品质，是一种高尚的精神，是一种前进的动力，更是一条通向成功的彩虹桥。责任心是每个人都应该具备的最基本而又最重要的素质，它是做好每件事情必不可缺的条件。清华毕业的学子们，都会用他们成功的事例来证明责任心的重要性。一个能对自己的所作所为负责、拥有强烈责任心的人，才能攀登上成功的巅峰。

　　一个人一旦拥有了超强的责任心，他就会怀有强烈的自信心和使命感，会不断地努力去做好每件事情，让自己不断地被肯定，最终获得成功。武汉市鄱阳街有一栋普普通通的 6 层楼房，这座楼房建于 1917 年，已经很古老了，设计这栋房子的是英国的一家建筑设计事务所。就在前不久，该楼的业主都收到了来自英国的一份信函，信中提醒住在这栋楼的业主们，因为楼房 80 年的设计年限已经过了，请业主们注意房屋的安全。已经过了八十多年，远在英国的设计事务所居然还对自己的"产品"这样负责，虽然他们人都远在异国不在武汉，却时时刻刻没有忘记他们的责任。所以说，拥有责任心才能把每一件事情做好，才能赢得他人的信任。英国建筑事务所从来没有放弃过自己的责任，对产品如此负责的态度才能让顾客用得放心，才会对他们信任，事务所才能一直保持良好的信誉。事务所有良好的信誉才能屹立八十多年不倒，而且发展得越来越好。对于企业，信誉是非常宝贵的，只有超强的责任心，对人对事负责才能获得良好的信誉。中国大多数的品牌为什么一到国际市场就没有了竞争力？追究其根源还是对自己的产品缺乏责任心。由于没有责任心，产品的质量也就没有了保证。中国知名品牌海尔之所以能在世界市场站稳脚跟，最主要的原因就是他们拥有强烈的责任心。抱着对商品负责、对顾客负责的态度，他们对每件售出去的产品都提供售后服务，每过一段时间就发邮件打电话到客户家里，或者是直接上门检修。正是由于这种对产品对客户负责的态度，才使得海尔发展得越来越好。

许多时候人们总是抱怨周围的各种不合理，却很少扪心自问自己有没有做好自己的事情，有没有完全尽到自己的责任？一个人要想跨入成功的大门，就必须拥有一把钥匙，这便是责任心。一个人的责任心如何，不仅决定了他的工作态度，也决定着他工作的好坏和成败。一家公司需要裁员，下岗名单公布出来了，有内勤部门的小杨和小燕，上面规定了下岗人员一个月后就要离岗。小杨和小燕眼圈红红的，大家看到了心里也不好受，毕竟这种事情落到谁头上都很难接受。上班时，小杨心里很生气，情绪也很激动，根本没有心思去做其他事情，一会儿找同事抱怨哭诉，一会儿找主任诉苦，平常要做的打印文件、收发信件等她该做的工作全都扔到了一边，其他员工只好都替她干了。而小燕呢，她看到这个通知也很难过，哭了一晚上，但是难过归难过，工作还是得继续，毕竟还有一个月才离职呢，于是她还是如往常一样继续默默工作。同事们知道她要下岗，都不好意思再去麻烦她了，小燕就主动和大家打招呼，主动把工作揽了过来。她对其他同事说，是福不是祸，是祸也躲不过，反正都已经这样了，那就好好地把这个月干完，以后再想帮大家写东西都没有机会了。于是，同事们又像从前一样，和小燕一起开开心心地把工作做好。规定的一个月时间转眼就到了，小杨下岗了，但小燕的名字却从下岗的名单中删除了，继续留在了公司。主任当着全体员工的面转述了老总的话："小燕的岗位是谁都无法替代的，她工作尽心尽责，像这样的员工公司永远不会嫌多。"责任心是金，一个人有了责任心就一定会发光发亮；相反，如果一个人没有责任心，即使他有再大的能耐，也不能干出一番事业来。

美国思想家艾尔伯·哈伯德有一句名言：责任趋向于有能力担当的人。一个有责任心的人，才能实现自我的价值。清华大学 2003 届毕业生李春龙，在给清华大学学生作报告的时候就讲述了自己扎根西部基层、自主创业的感人经历。2003 年 3 月，李春龙主动放弃了在城市工作的优越条件，只身一人前往祖国最需要的地方，他志愿服务西部，成为了一名大学生志愿者。李春龙被分配到玉门市建设分局工程室，从事城市建设工作。在工作中，他刻苦钻研，哪个岗位需要他，他就到哪里去，他对待每一个工程项目都积极负责，尽最大努力干到最好。凭借着一份强烈的事业心和高度的责任感，他用实际行动获得了同事的肯定。

责任心有多大，人生舞台就有多大。任何成功人士都具备负责任的素质，他们给社会加入了更多的正能量。杨元庆刚进入联想时，公司给他安排的第一份工作就是做销售，这么多年过去了，杨元庆还清楚地记得当年每天骑着一辆破旧的自行车，在北京的大街小巷里穿梭着，到处去推销联想产品时的情景。开始的时候，杨元庆并不是很喜欢做销售业务员，但是他觉得公司既然安排给了他这份工作，这就是自己的责任，必须得把它干好。做销售的那段经历让杨元庆得到了很多锻炼，以至于在以后的工作中面对许多问题他都能无所畏惧。正是这份强烈的责任感让他的工作越来越出色，引起了柳传志的注意。后来杨元庆被升任为计算机辅助设备部的经理，在这一职位上，他还是和以前一样对工作认真负责，尽职尽责，不仅给公司带来了非常大的利益，还培养出了一支特别优秀的团队。再后来，柳传志就把从研发到物流的所有权力都交付给了杨元庆，并任命他为联想微机事业部的总经理。因为杨元庆不管在哪个岗位都对自己的工作尽职尽责，才取得如此优秀的成绩，是责任心让他走向成功的。

责任有多大，成就就会有多大。学习清华人的责任精神，不管是在什么岗位，从事什么工作，都必须时刻牢记着自己身上的责任。有了强烈的责任心，才能对所从事的事情投入热情，才能积极主动地把每件事情都做得尽善尽美。在追求成功的时候，要想一想自己承担着什么样的责任。每个人只有把当下的事情做好，才能一步一步走得更远。成功人士的背后都有一份强大的责任心作为支撑。责任是社会和人生赋予我们每个人的，能力越大的人，责任也越大；同样的道理，承担的责任越大，能力也就会一点一点地得到提升。任何没有责任心的人，在这个社会上终将难以立足；只有拥有强烈责任心的人才能得到更好的发展，才能获得成功。责任心是一种正能量，而社会需要更多这样的正能量。

大学之道在于求实创新，"求实"精神能让一所大学源远流长，万古流芳。人生也不例外，人生若是有了"求实"这一精神正能量，就能收获更完美的人生。在求知的道路上，勇敢拒绝伪科学，让"求实"成为一种态度、一种精神，在漫长的人生岁月中慢慢地沉淀，最后就能学有所成。丰富的知识素养和广泛的人生阅历会让一个人由拙变巧，思维变得灵动和飘逸。一个有智慧的人，在人生事业中运用自身的智慧，自强不息，逐渐成为某一领域的权威，甚至是专家。但是要成为某一领域的权威人物或专家，离不开一个人的自强不息，更重要的是离不开实事求是的精神，这是一个人能否成功的关键和核心。每个人都需要"求实"这一精神正能量，韬光养晦，在社会需要的时候发挥自己的聪明才智，更好地实现人生价值。

第十章

【求实正能量】

清华告诉你自强不息才能绽放威严

1

拒绝伪科学：清华人求实态度最集中的体现

鲁迅说："空谈之类，是谈不久，也谈不出来什么的，它终必被事实的镜子照出原型，拖着尾巴而去。"这句话告诫世人，做人做事一定要实事求是。求实是一种态度，更是一种习惯，在社会的各个方面都需要求实，在人际交往中求实体现了交往的真诚；在科学上，求实是让伪科学无立足之地的态度；在经济建设方面，必须坚持以科学发展为主线，求实，就更是一种信念。在清华人眼中，拒绝伪科学是他们对求实的科学态度最集中的表现。

顾秉林教授说："求实的态度是一个科学工作者所必备的素质。"对于科学来说，它是对已知世界的研究和对未知世界的探索，这就需要广博的知识，一个没有足够知识储备的科学工作者是不合格的。求实是科学工作者的任务，更是他们的信念，因为任何虚假的行为和思想都会带来毁灭性的打击，会把世人引向歧途。赵纯均就是一个实事求是的清华人。

赵纯均1965年毕业于清华大学。在清华学习期间，他实事求是，刻苦学习；同时，他还经常参加社会活动，在工作上求真务实，学习上勤奋刻苦，注重培养扎实的基本功。毕业时赵纯均获得了"优秀毕业生"的荣誉，求实的作风帮助他成功留校任教。他认为，作为一名清华人，要有服务意识，因此他喜欢做社会工作，他说："社会工作是做人的工作，是课本上学不来的另一种财富。"但是社会工作和学习有时候是有冲突的，他认为作为一个学生第一项工作就是学习，假如不好好学习而是去工作，那就得不偿失了。在他任教期间，赵纯均将他所带的学院学生的专业和学生的社会工作结合起来，告诫学生，要实事求是。他说："现在很多高层的管理人员实事求是吗？没有。他们很多人为了自己的利益而不遵循事物的发展规律，以权谋私。学生工作也是一样，本来这个班级客观事实是这样的，但是有些人为了扩大自己所谓的政绩，把一个本不属于这个团体的面貌展现了出来，或者只重表面，华而不实。就算评上了一个优秀班集体，也不能算是真正属于他的。"

赵纯均求真务实的工作作风深受领导赏识和学生的爱戴，比如在经济管理学院的时候，他认为不论同事还是学生需要的不仅是知识，还有艺术。尽管学生在专业方面已经是精益求精，但是缺少一种对事物格局的判断，于是，在此基础上，他鼓励学生们除学习专业知识外，还可以选修如经济学等其他专业，注重学生的综合素质发展，推出了第二学位和辅修学位。

实事求是，找准定位，让经管学院摆脱传统的教育研究方法，注重培养人才，极大地发挥工科的优势，经管学院在赵纯均的精心培育下已然成为国内同类学院学习的榜样。赵纯均的故事告诉当代青年，无论是在工作还是学习中，一定要脚踏实地、实事求是地做人，不断完善自己以适应时代的发展，做祖国需要的人才。

清华人拒绝伪科学，实事求是的科学作风也告诫世人在生活中做人做事也要实事求是。20多年前，一个十三岁的男孩家里十分贫穷，为了生存，他跑到上海的一个药铺里做学徒。在他离开家去上海的时候，奶奶拉着他的手，语重心长地对他说："踏踏实实做人，规规矩矩做事。"男孩记住了奶奶的话。学徒是一个很苦的活，每天要从天亮干到天黑，早上天没亮就得起床，整天打扫完房间的卫生，还得打扫药铺卫生，用抹布擦拭柜台上所有的器皿用具，师父起床了，还需要去服侍，把一切起床的准备工作都做好。每天如此辛苦地工作，却没有相应的报酬，当时他的工资特别低，微薄的收入只能够他填饱肚子。有一次在打扫药铺卫生的时候捡到了一沓钱，这些钱够他生活一个月，而且男孩也确实需要钱。眼看就到冬天了，他还没有过冬的衣服，这个钱足以让他买件过冬的衣服。他捡到钱的时候没人在旁边，这些钱他完全可以悄悄放在兜里，占为己有。但是他没有这样做，而是找到师父，把所捡到的钱如数上缴了。类似的事情在男孩以后的生活中经常发生，不管每次捡到的钱面值多少，他都如数上缴。

学徒的工作非常辛苦，有些学徒会想方设法地偷懒，但是男孩从不会这样做，每天踏踏实实地做自己该做的工作。有一种治疗哮喘的中药的熬制特别需要耐心，非常讲究火候，通常一点点药的熬制也要在火旁蹲上几个时辰。偷懒的人在药熬到一定程度时，就往里面加水，然而，男孩却始终老老实实地蹲在火旁，等待药最终熬制完成。男孩的这种做人做事的执著放在现代商业社会，也许不会被人看好，认为他不会在商业上有所作为，因为现代商业讲究变通、灵活和世故。但是男孩如今的身份是一家制药集团的董事长，他创立了多个品牌，甚至在世界上也享有声誉，他获得这样的成就靠的不是投机取巧、变通，而是靠实实在在地做人做事。做人做事有很多种方法，不同的方式造就不同的人生，但是要想人生有所成就，方法只有一个，那就是要有求实的态度，规规矩矩做事、踏踏实实做人。

求实不是清华人的专有名词，它是大众所拥有的智慧和品质，不管是在做人、做事还是在学习上。在学习上如果要学有所成，求实就是最坚固的奠基石。有一位求知欲特别强烈的少年，从四五岁开始就梦想自己有一天能够行走江湖，成为闻名天下的侠客。于是他千里迢迢来到峨眉山向一位世外高人学习正宗的峨眉剑术。少年来到峨眉山后，就一心想早日取得真经，扬名立万。在行拜师礼的当天，他问自己的师父："师父，我每天勤学苦练，你说我多久能学成下山？"师父答道："至少需要八年。"少年感觉学成时间太长了，于是，又说："假如我每天勤学苦练，日夜不停地练习，这样需要多长时间呢？"师父说："这个不长，需要二十年。"少年很是不解和惊讶，问道："为什么付出的努力更多，反而需要的时间更长？"师父笑了笑，默不作声。少年又问："师父，我每天没日没夜，夜以继日地拼死练习，需要的时间应该短了吧？"师父只是摇了摇头，说："如果这样的话，你就得跟我在峨眉山上学习至少五十年。"少年更纳闷了，百思不得其解。良久，他终于大彻大悟。是的，学习需要的是求实的作风，假如不踏实，再学习多少年都很难学有所成，正如清华人钱学森先生所说："踏实是学有所成的根本，马虎，则是求知的大敌。"

清华是一所以工科见长的高等学府，工科的根本就是要求实，来不得半点虚假，毛主席所倡导的实事求是的作风贯穿于清华人的学习工作中。清华人反对伪科学，要求自身要领悟清华的求实创新精神，以严谨的态度对待学习和工作，那些好大喜功、哗众取宠的思想要在萌芽状态时就及时将它消灭。这种反对伪科学、实事求是的精神不仅仅局限于科学，它是灵活的、宽泛的，对待生活、对待学习、对待工作，做人做事都是如此。

总而言之，在生活中要反对伪科学，树立求实的理念，无论何时何地，何事何人，处处都必须毫不松懈、一以贯之。

2

真知需要岁月的沉淀，更需要自身的智慧

一个人成功的基础需要大量的知识作为铺垫，如果没有扎实的知识基础，那么成功就像无源之水，无本之木。知识包罗万象，凡是未知的东西都是知识，知识的获得可以通过学习，通过实践，更需要的是岁月的沉淀。学海无涯，在一定时间内，人们获得的知识是有限的，但是随着时间的推移，人们就会慢慢发现以前所获得的真理不一定就是真理了，这是人类认识的局限性。人类的实践是有限的，没有人能看完世界上所有的书籍，弄明白社会中所有的真相，浏览完世界所有的风景和解开世界上的每一个迷。人类未来的发展本身就是一个谜，时间给人们的只有回忆和无止尽的明天，后人回头看昨天的时候总是有比昨天更科学的认识，因为事件推动着事物的发展，告诉世人对与错，只有经过了时间的沉淀才能发现自己过往的对与错，汲取教训，才能在未来的路上披荆斩棘。人们生活在一个未知的有待于探索的世界里，如果真的有先知存在，也许就不能激发人们对未来的探索欲了，没有期待，人的精神就会无所适从，活着也就没有了意义。人们对真知的探索是永无止尽的，它需要时间的沉淀，慢慢地，像大浪淘沙一样，因为有了岁月的沉淀，才有了今天辉煌灿烂的文明。

幼儿教育大师陈鹤琴把自己的一生都奉献给了幼儿教育，他一生主要从事一系列开创性的幼儿教育研究，通过大量的实践，总结幼儿教育的规律，写成了《儿童心理之研究》和《家庭教育》这两本具有指导教育实践意义的著作，这样的成功不是简简单单就能获得的。陈

鹤琴是我国近代最早研究幼儿教育的教育家之一，他于 1911 年考入清华学堂，清华毕业后赴美留学，1918 年获得哥伦比亚大学的教育硕士，之后回国从事教育。经过几十年教育工作生涯的磨练，陈鹤琴在中国二三十年代幼儿教育的基础上，从幼儿身体、情感等方面提出自己独见性的幼儿教育目标。他认为教育目标首先就是要解决最实际的问题，也就是"做一个什么样的人"的问题，一个人通过教育，应该具有"协作、同情和服务他人的精神品格，有健康的生活态度等等"。1927 年，陈鹤琴和陶行知等同时代的教育家共同发起组织了幼稚教育研究会，并创办了我国最早的幼稚教育研究刊物《幼稚教育》。而陈鹤琴在教育领域的求知主要表现在注重观察和实验，比如他以他的第一个孩子为研究对象，从孩子出生的那天起就开始了研究：他每天对孩子的身心变化以及对外界的各种刺激反应进行观察实验，通过文字和相机记录下来；为掌握第一手研究材料，他甚至请假回家，观察孩子从早到晚的活动，并做了记录。他还经常给孩子尝试各种味道的零食，酸、甜、苦、辣样样齐全，然后观察孩子的变化。为此他前后共花费了 800 多天的时间，积累了大量的资料，集中解析了孩子在身体、心理、性格和言语等方面的发展规律。经过长达三年的观察和实验，陈鹤琴写出了对于教育界极有影响力的著作并提出了具有开创性的教育理念——"活的教育"。可见，要获得真知，只知道刻苦努力是不够的，也需要岁月的沉淀，把一切交给岁月，让时间给信念插上希冀的翅膀。

真知确实需要时间去证明，但是如果没有智慧，真知也是很难得到的。假如没有智慧，那么在求知的过程中有可能得到真知，也有可能得到谬论，所以真知的获得更需要自身的智慧和脚踏实地。求知是为了让人变得有智慧，两者缺一不可。

我国外交部部长乔冠华在求知的路上正是运用了自己的智慧，在关键时候作出了真理性的判断，化解了外交中的一场又一场危机。在第二次世界大战日渐胶着之时，德国军队向法国的马其诺防线发起了攻势，远在中国香港的记者已经蠢蠢欲动了，他们纷纷对局势作出判断和猜测。一次他们聚集在一间宽敞的地下室里争论时局，其中就有乔冠华的身影。他静静地坐在椅子上，细细地听取记者们的争论，正当争论达到白热化程度的时候，乔冠华站起来，挥手打断众记者的话语，并说："6月9日是一个令法军难以忘怀的日子，刚刚看到各位侃侃而谈，总的来说还是对法军的胜利抱有很大希望。其实胜负已分，我现在可以明确地告诉在座的各位，三天以后，法国领土将会沦陷！"这样的话语一出，在场的记者瞬间就炸开了锅，记者们纷纷表示不屑和惊讶。有一个记者抱着怀疑的眼光看着乔冠华说："决战正在进行，胜负未定，你怎敢这样说呢？"乔冠华自信地转过身面向那个发问的记者："这不是一两句话就能说清楚的，若是不信，请让时间来证明我的结论。"四天后，即6月13日，德国战车开进了法国巴黎，法国沦陷，德法战局的发展证明了乔冠华的预言。真知需要时间来证明，更需要智慧，战局的发展证明了乔冠华前瞻性的判断，而智慧让他预见到了未来。但是一个人的智慧并不是说他天赋异禀，有神秘的先知能力，而是凭借足够的知识和经验的积累达到的，智慧建立在求实的基础上，所有的沉积除了时间还有智慧的积累。

漫长的人生过程其实就是一个不断求知的认识过程，慢慢地把未知变为已知。要想获得真知，就要把它交给岁月，没有什么比时间更能证明真理的存在，而如果要想获得成功，就必须加上自己的智慧。每个人都有时间，但不一定每个人通过时间得出的理论都是真知，这种时候就需要个人的智慧了。假如你是一个渴望成功的人，那么请记住，真知需要知识的积累，需要岁月的沉淀，更需要自身的智慧。

3

为什么清华教授令人肃然起敬?

　　现代社会越来越浮躁,很多人梦想成名,有一点点小成就就把自己称为专家,打着这个旗号到处去招摇撞骗,歪曲了大众的世界观,以至于现在的人们都很难再相信什么专家。但是,清华教授确实与众不同,清华教授的一举一动、一言一行都在媒体的关注之下,他们说的话被当成了金玉良言,被大众认可和学习,做过的事更是被当成大众学习的榜样。

　　在生活中,一个人要想在自己的圈子里成为"权威性"的人物,是必须要有智慧的。英国人还没去澳大利亚的时候,当地人过着刀耕火种的日子,人们非常惧怕自然,对大自然中的风、雨、雷、电很是恐惧,那里的人们除了维持生计,其他时间都没什么事可做。在一个小村子里,住着一个看上去不傻也不聪明的人,大家都叫他卡尔,还有一个很有智慧的人,大家叫他布鲁斯。尽管他们生活在同一个村子里,但是,他们的生活却截然不同:卡尔整天过着循环往复的生活,身边也没什么人,孤苦零丁,生活不如意的时候就愁眉不展。但是布鲁斯身边每时每刻都有人围着,他的生活不用那么辛苦,还整天笑呵呵的。卡尔就去问布鲁斯:"我不明白为什么总有那么多人跟着你,你说什么他们怎么都听呢?"布鲁斯笑笑道:"因为我有智慧啊!你看我们俩同是智商一样的人,但是我懂得如何让大家在大自然里过上更好的生活。我经常翻越山林,见多识广,回来给大家讲故事,打发大家无聊的时间,这一切都是需要智慧的啊。"卡尔恍然大悟!的确,如果布鲁斯和卡尔一样，他说什么话大家都不相信他的，那么他身边就不会总是有那么多人跟随了。

权威不仅需要智慧，更需要一种实事求是的精神和态度。清华教授在治学上精益求精，以一种"求实"的态度面对科学，这样做出来的学问又怎能不成为一种权威呢？毛泽东说："知识的问题是一个科学问题，来不得半点虚伪和骄傲，决定其需要的倒是其反面——诚实和谦逊的态度。"朱自清教授在清华任教期间，在清华园创作了有名的《荷塘月色》，有一位读者在阅读完之后给朱自清寄去了一封信，信中他表达了对整篇文章的看法，还指出了文中的错误，文中写了这样一段话："树缝里也露着一两点路灯光，没精打采的，是瞌睡人的眼。这时候最热闹的，是要数树上的蝉声与水里的蛙声……"他认为"蝉声在晚上是没有的，因为蝉晚上是不会叫的"。朱自清看完信后，就向自己身边的同事咨询这一常识，令人难以想象的是，同事们大都同意那个读者的看法。这还不够明确，朱自清决定问个究竟，于是就写信请教国内著名的昆虫学家刘崇乐先生，询问他蝉在夜里是否会叫。刘崇乐先生好像也没太注意这一现象，于是就连夜查阅了大量关于昆虫的著作。可是经过查阅，还是没有得到一个确切的答案，只是某本著作中有一段这样的描写："平常夜晚，蝉是不会叫的，但在某一个月夜，清楚听到它们在叫。"刘崇乐就这样回信给了朱自清。有了这个证据，本来可以回答那位忠实的读者了，但是朱自清怕那段话不足以让人信服，于是，他就在回信中这样说："我请教了专家，专家也说晚上的蝉是不会叫的，以后散文集的出版，我将删掉'月夜蝉声'这样的句子。"这件事一直困扰着朱自清教授，为此，他经常夜间出去散步，在林间驻足聆听，目的就是为了求得真知。过了一段时间后，朱自清终于在两次月夜的时候听到了蝉鸣。之后那位读者又发文章去怀疑王安石的诗句："缺月昏昏漏未央，一灯明灭照秋床。鸣蝉更乱行人耳，正抱疏桐叶半黄。"文章中以朱自清给他的信作为引证。朱自清看完这篇文章后亲自回信给那位读者说明了这个事实，对这个事情的真伪，朱自清还写了专门的文章去确证。实事求是是一种态度，一种精神，人们只有本着科学、求实的态度工作、学习，才能在此过程中最大限度地避免虚假，这样才有权威可言。

由此，对于清华教授为什么会成为权威的代名词人们就不会感到奇怪了，他们正是自强不息地在科学领域勇于创新，在治学上本着实事求是的态度，才让他们变成了权威的代名词，这正是一种"求实正能量"。一个人在生活、工作、学习中尤其需要这种正能量的补充，因为只有这样的人生才能创造幸福，实现人生价值，获得人生的成功。

4
释放权威更需要实事求是

在美国路易斯安那州的一座小村庄，一天，一个木匠来到一个打铁铺，对着正在打铁的铁匠说："请你给我一把你认为你打得最好的锤子。"铁匠回答说："先生，这里我做的每一把铁锤都是最好的，我向你保证。但是我这里的锤子都是很贵的，你愿意出钱买这里的锤子吗？"木匠说："只要你能给我最好的锤子，多贵的价钱我都要。"最后铁匠给木匠打造了一把最好的锤子。而且木匠也认为这是一把非常完美的锤子，因为做了很多年的木匠，用了不少锤子，从来没见过哪一把锤子比这把更好用，用起来更让人舒心。而更让人觉得好的是锤子的锤孔，它比其他锤子的锤孔要深，这样锤把就能深深嵌入锤孔，在使用中安全性高，不用担心锤头会滑落对人造成伤害。木匠对这把锤子是非常满意，他回到自己的工作室，就开始向同行炫耀他的锤子是如何好用。不久，木匠们都跑到那个铁匠铺去，要求铁匠给他们做和原来给木匠做的一模一样的锤子，很快，很多木匠都开始用这种锤子了。有一天，木匠的工头看见了，于是就悄悄跑到铁匠铺，向铁匠订制了几把类似的铁锤，但是工头要求铁匠做的锤子要比给任何木匠做的都要好。可是这让铁匠特别为难，他说："我做每一把铁锤的时候，都会尽自己最大的可能把铁锤打造到最好，我不会考虑买我锤子的人是谁。"这些话传到了专门做五金的老板耳中，于是他就向铁匠买了几把锤子放在了自己的店里。

不久，一位来自华盛顿的商人路过村庄，偶然在五金店里看到了这样的铁锤，很是惊讶，于是就把五金店里的铁锤全部买走了，并和五金店的老板说好，以后还要长期向他订购。铁匠总是挖空心思地改进自己打造的铁锤，甚至具体到了每一个细节。他不注重铁锤好不好看，只注重铁锤的实用性，他说："我不搞那些美丽却不实用的东西。"虽然铁匠打造的铁锤并不像今天的商品一样有合格、优质的标签，但是买铁锤的人只要看到铁锤上刻有铁匠的名字，就会毫不犹豫地掏钱买下它。随着时间的推移，这座看似名不见经传的小山村一夜之间就以铁锤销售而变得家喻户晓，慢慢地这个铁锤就成为了美国甚至是全世界的知名品牌，而铁匠本人也建立了自己的铁锤王国，成为富甲一方的人物。铁匠的铁锤为什么那么畅销呢？是因为铁匠不管是打造产品还是做人，都做到了实事求是。在打造铁锤的时候，他分析铁锤的实用性和原理，实事求是地把每一个铁锤做到更好，才让他的铁锤在铁匠行业具有了权威性。在这个世界上，只有实事求是才有发言权，正如毛泽东所说："没有调查，就没有发言权。"有了实事求是的精神和态度，成功之门才会向人们打开。

清华人在各个领域的成功不是偶然的，是他们秉承了清华"实事求是"的求实精神，才取得了不俗成就。李大钊说："凡事都要脚踏实地去做，不弛于空想，不骛于虚声，而惟以求真的态度踏实做事。以此态度求学，则真理可明，以此态度做事，则功业可就。"1932年，文学大家周作人经过多年的努力出版了一本文学专著《中国新文学的源流》。该书出版后，好评如潮，然而这本书被青年钱锺书翻阅后，找出来好多错误，并且毫无畏惧地写文章批评这本著作。一个二十四岁的毛头小子敢批评当时的学术权威，这要何等的勇气！但这是学术的本质要求，目的就是为了不让谬论流传，祸害那些渴求真知的莘莘学子。学问就是要实事求是，这样才有权威性可言。钱锺书在《围城》中这样描绘方鸿渐："志大才疏、满腹牢骚，狂妄自大，自吹自擂，'一个银样蜡枪头'——中看不中用的人。"他正是借用方鸿渐这样的小说人物去讽刺社会上那些不实事求是的人。实事求是的精神贯穿钱锺书的一生，这样的"求实"精神给后来者树立了榜样。

　　做学问需要实事求是，为人处世上更需要实事求是。人是社会性的动物，与人相处在所难免，如果一个人做人不实事求是，很难想象他在其他事情上会取得成功。都说人情世故难，难于上青天，因为在为人处世的时候，需要你圆滑世故、需要你曲意逢迎、假意面对他人，这样做确实难，那么有没有好一些的方法呢？这种方法有，而且简单，只要在处世中做到"实事求是"即可。

　　其实，不管是做学问、做人、学习还是工作，任何时候都要实事求是，没有实事求是，一切都是空谈。实事求是是清华人的精神，也是支撑清华人在各个领域成为权威、成为专家的基石。无论是清华人还是普通人，要想在日益残酷的竞争中占有一席之地、有发言权，就必须脚踏实地、实事求是。

5
求实正能量：清华人教你如何收获完美人生

我们每个人都应尊重事实，在事实中用理性思考问题。"一个人也许会相信许多废话，却依然能以一种合理而快乐的方式安排他的日常工作。"诺曼·道格拉斯如是说。在生活中总有许多真真假假、虚幻缥缈的东西，但是获得美好的人生归根结底是需要尊重事实的。

清华人吴有训是我国著名的物理学家，他师从世界著名的物理学家康普顿。康普顿因在物理学上发现"康普顿效应"而在 1927 年荣获了诺贝尔物理学奖。吴有训是康普顿最得意的门生，在康普顿效应实验中作出了重大的贡献，后来"康普顿效应"被正式命名为"康普顿——吴有训效应"。在证明康普顿效应初期，康普顿发表的论文中只有一种可证明的散射性物质，而且每一项数据都很明确，但是因为证明物质只有一种，显得单一不具有普遍性，不足以令人们相信，有部分物理学家甚至对康普顿效应提出了质疑。面对这样的情况，吴有训果断向老师提出补充试验的建议，并且，在老师的指导下对七种散射性物质进行了实验，实验结果最终证明了只要散射角度一样，即使是不同物质，它们的散射效果都是一样的，和物质的种类没有任何关系。通过这样的实验数据，吴有训和导师联合发表了一篇名为《经轻元素散射后的钼 K 射线的波长》的论文，向人们证明"康普顿效应"的普遍性。论文一经发表，立刻引起学术界的轰动，那些怀疑"康普顿效应"真实性的物理学家在事实面前哑口无言。这样的成果在具有"求实"精神的吴有训先生心中是毫不满足的，为了进一步证实这一效应的真实性，他又做了几组实验来证明，随后发表了《康普顿效应和三次 X 辐射》，再一次证明康普顿效应是客观存在的，然后，对此继续进行深入的研究。吴有训不仅证实了"康普顿效应"，甚至还发展了它，成为人们公认的物理学界专家。对于"康普顿效应"，吴有训并没因为它是老师发现的，就毫不怀疑它存在的真实性，而是脚踏实地从事物的本质出发，运用科学的实证方法去证明它的真实性，从而也让自己在这个领域取得了非凡的成就。吴有训这种求实的态度告诉人们，无论在生活中还是职场中，尊重事实都是非常重要的。在面对问题的时候，千万不要盲从，应当从客观实际出发，证明其真实性和合理性，这样才能帮助你收获完美的人生。

只有尊重事实，才能客观地认识世界，有一句话说得好："事实胜于雄辩。"中国有着五千年的辉煌历史，历史中的一个个发明是每个中国人的骄傲。有史料记载，日本很多的古建筑都是仿造中国的。日本有座古老的建筑叫奈良寺，它是唐朝时期木结构的建筑。但在中国还没有发现一栋唐代的木结构建筑时，日本人就嘲笑中国自称有五千年的历史，连一座唐代木结构的古建筑都没有。清华人梁思成和林徽因不相信，中国地大物博，不会一座木结构的建筑都没有。于是他们就到图书馆，大量查阅资料，找到很多历史线索。其中一条重要的线索是《敦煌石窟图录》里有两张壁画，壁画绘的是五台山的全景，上面有每一座寺庙的名字，其中的一座寺庙引起了他们的注意——佛光寺。据《清凉山志》记载，佛光寺地处深山老林，交通不便，香客稀少，这样的情况不是更利于古建筑的保存吗？于是他们循着足迹奔向五台山。五台山道路崎岖，行走非常困难，经过几天的艰难行进，他们终于到达了佛光寺。只见建筑的木构、雕塑、石刻、壁画、碑文等共同形成了一道古色古香的完美景色。他们对古建筑的每一处亲自查证，如斗拱、梁架、雕花等等，最终摸清了寺庙屋顶结构，而这种结构只在唐代的绘画里面才能找到。因梁上住着很多蝙蝠和臭虫，让他们难以去找到这座古建筑的修建日期。后来，经过一番努力，林徽因在一根梁柱的根部发现了淡淡的墨迹，上面隐隐约约可看出有唐朝官职的称呼，在外面石柱上刻有"唐大中十一年"等字样。他们回到北平后，发了一篇文章叫《寻找古建筑》，告知世人我国唐代的木质建筑至今还保存完好的消息。这篇文章一经发表，很多人就慕名跑到五台山去求证真伪。而佛光寺的存在让日本人的流言不攻自破，事实胜于雄辩，流言和大言不惭在铁证如山的事实面前显得苍白无力。

正所谓林子大了什么鸟儿都有，人的一生遇到流言蜚语那也是再正常不过的事情，面对那些不实的恶言，不要去理睬它，用事实说话，因为事实胜于雄辩。

事无常形，事物都是在发展变化的，但是事实是客观存在的。在日益激烈的竞争中，人生的发展有时候会让人们防不胜防，但只要汲取清华人"求实"的姿态，就能以不变应万变。在职场中、在学习上都是同样的道理，只要你有"求实"的决心和毅力，就能获得正能量，没有人能打倒你，正所谓身正不怕影子斜，做好分内之事，就可以帮助你在人生的方方面面如鱼得水，收获你想要的完美人生。

第十一章

【人格正能量】

清华告诉你刚正不阿才能施展个人魅力

在当今社会，为人处世方面的基本要点就是需要具备一定的人格魅力。要想做一个有人格魅力的人，首先就要了解什么是人格魅力。所谓人格，就是指一个人的性格、气质和能力等各方面特征的总和，也可以指一个人道德品质和能力等方面的素质。而人格魅力则是指这个人在性格、气质、能力或者道德品质方面具有一种非常吸引人的力量。具有人格魅力的人是很受别人欢迎与喜爱的。人作为"万物之灵"，也有其特殊的社会性。从动物学的角度来说，人是群居动物，所以，没有人能够脱离其他人、脱离社会而生存。

虽然一个人的人格魅力是人品、能力和情感等方面的综合体现，但清华人刚正不阿的精神不仅提升了自身的人格魅力，而且还给人们传递了一种人格正能量。若想做到将正直、刚正不阿的精神深植骨髓，并且很好地将这种精神运用到实际中，用切实的行动来证明自己那一颗坚持正义的心，其人格魅力就将自然而然地得到提升。

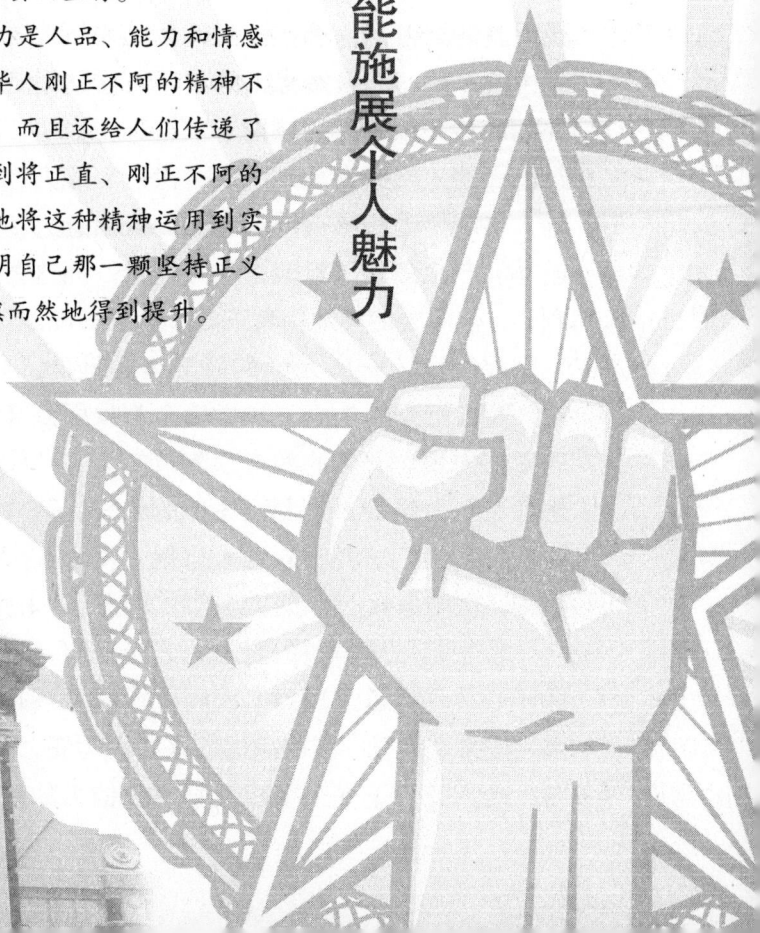

1

校长以身作则：人格魅力不是说出来的，
而是做出来的

　　"人格魅力"是指一个人在性格、气质、能力、道德品质等方面有吸引人的力量。但其作为当今社会人们为人处世的基本要素，绝不是说说就能具备的。清华校长顾秉林先生忠告广大学子："人格魅力不是说出来的，而是做出来的。"人格魅力既表现在对待现实的态度和处理各种关系方面的热情、友善、积极等，还有对自己的严格要求。一个人的人格魅力是其气质、操行、能力和知识等多种因素综合反映的人格凝聚力和感召力。优秀的人格魅力不但能够吸引人和感召人，还能够产生强大的凝聚力和正能量。而这些都不是光嘴上说说就能做到的，而需要切实地用真正的行动来表现。

　　校长作为一所大学的领导者，他的人格魅力是整个集体里的磁石，起着把全体教职工和学生全都吸引到身边凝聚成一个密合的整体的重要作用。著名的教育家陶行知说："校长是一个学校的灵魂，要想评论一个学校，先要评论他的校长。"校长作为整个学校的表率，要教育学生们培养出众的人格魅力得靠实际行动，校长只有自己以身作则，言传身教，才能以自己的实际行动来教育学子。

　　校长是一个学校的灵魂，无论何时，清华校长都将真诚、坦率根植于心，马克思说过："人同世界的关系是一种人的关系，那么你只能用爱来交换爱，只能用信任来交换信任。"

　　为人正直，是一个校长富有公信力的前提。清华校长无不心系学生，勤政廉政，以一身正气来感染万千清华学子。两袖清风，始终坚持原则，公平公正，真正是掌权却不专权，善用权而不乱用权。作为一校之长，也只有这样才能向学生展示出其人格魅力。他不一定是全校最有学问、最具智慧的人，但一定是那个最善于学习的人，他通过不断学习，完善教育理论，根据教育实际来整合教育管理，不断提高自身的综合素养，用行动来影响大家的思想。

一个具有人格魅力的校长，他"灵魂的清香"将随着他的言行传播到校园的每个角落，吸引着每个人向他靠近，被他影响。他的道德修养和精神境界会对全校师生起到其他人无法比拟的示范性和导向性作用。

梅贻琦先生 1914 年由美国吴士脱大学学成归国后，就到清华大学担任教务长等多个职务，至 1931 年，梅贻琦开始担任清华大学校长一职，直到他在台湾逝世，都一直在为清华服务，被人们誉为清华大学的"终身校长"。清华大学在他的领导下，仅短短十年间就从一所有名气但没有什么学术地位的大学一跃跻身国内名牌大学之列。深受师生爱戴、个性沉静、寡言慎行的梅贻琦校长被著名外交家、书法家叶公超以"慢、稳、刚"三个字形容个性。梅贻琦校长还有"身教重于言教"、"所谓大学者，非谓有大楼之谓也，有大师之谓也"等教育名言深受后人推崇。而他自身也是严格要求自己，按照自己的原则去做，绝不光是说说而已。

沉默寡言的梅贻琦校长无论是在工作中还是在和朋友家人相处时话都很少，在公共场合更是听得多、说得少，即使在不得不发言时也是说得很慢，逻辑清晰，很少断然下结论。但这并不代表他不敢对自己的言论负责和没有主见，在关键时刻他总能一言九鼎，一语定乾坤。清华人评价他说："他开会的时候很少说话，但是如果需要做报告或者讨论时，总是能够说得条理分明，重点突出，当很多人因为某个问题而争论不休时，他常常能够一言解纷。而且别看他平时不苟言笑，其实他是个极富幽默感和人情味的人，有时候偶尔说出的一句话，常常令人回味良久。"国学大师陈寅恪评价他说："如果哪一个政府的法令可以和梅先生说话时那样谨严，那么少，那么那个政府就是最理想的。"他在遇到问题需要讨论时，总是先征求对方的意见，虚心地问道："你看怎么样？"当他对对方的回答感到满意时，就会说："我看就这样办吧！"即使不同意对方的观点，也会语气和缓地说："我看还是这么办好……"或者说："我看我们再考虑考虑……"正是这种谦虚平和的待人处世之道，让那些即使持有不同意见的人也感觉得到尊重，而不会因为自己的意见被否定就心生怨愤，并能心平气和地与大家共同找出解决问题的最好方式。

梅贻琦校长虽然沉默寡言，不爱说话，却绝不是个呆板木讷的"冬烘先生"，幽默诙谐而有富有智慧的他在待人处世方面有时颇有情趣。他的一生没有写太多的文章，至于演讲这类的活动就更少参加，他平生最大的爱好就是阅读，而且涉猎广泛，既对理科专业的书籍刊物有所研读，例如对于物理学、工程学等最新的研究发展动态和新的研究成果给予高度的关注，还对人文科学、社会科学里的历史、地理、文学、哲学等方面也有着很深的研究。他最常看的也是长期放在床头翻阅的英文版《读者文摘》和王国维的《观堂集林》，即使工作再忙也会挤出点时间来研读。所以，博闻强识的他说起话来总是引经据典、见解独到，而且知识广博的他也能和任何学科或研究领域的学者相处融洽，很谈得来。不仅是学术方面，他的业余爱好也非常广泛。他喜欢音乐，爱好吟诗诵词、欣赏字画，还爱好集邮。室外活动方面也丝毫不落后，他很爱球类运动。虽然工作上任务很重，宵衣旰食，但却始终坚持着集邮的爱好。他写字台的抽屉里常年放着几大本集邮册，里面收集着他多年来最爱的各种精美邮票。喜欢种花的他还曾在家门口特地开出了一小块地用来种花，闲暇之余就在这块小天地里给花松松土、拔拔草。有一次他的夫人生病了，富有情趣的他就将花朵剪下，送进卧室给夫人观赏。

提升个人魅力的实践活动需要一个正确的导向，它不是盲目的。梅贻琦就是这样一个富有人格魅力且能给清华的师生提供正确导向的校长，他虽然说得不多，却以言传身教的方式向清华全校师生展示了他的人格魅力。这样具有强烈向心力的人格魅力人人都想拥有，但大多数人都是说得多，做得少。清华校长梅贻琦先生用他自己的例子向我们展示了这个道理：人格魅力不是说出来的，而是做出来的。

2
清华人将刚正不阿深入到自己的骨髓里

"宁作沉泥玉，不作媚渚兰"，刚正不阿是一个民族最为宝贵的精神之一，也是一个人最为高尚的品行之一。我国著名的革命家和教育家徐特立在其著作《我的生活》中说道："知识要圆，行动要方。"刚正不阿是人们的立身之本，人们需要这种正直、正义的精神，若一个人失去了刚正、正直的心，整日浑浑噩噩，任由别人摆布，无法判断是非曲直，不敢听、不敢讲公道话，那么整个社会也就没有了公正可言。

现实生活中，人们自幼便被教育要做一个正直的人，上学后，无论是小学、中学还是大学，老师们也无一不是教育大家要做一个刚正不阿的人。但是，在实际的为人处世中，却不是每个人都能成为一个正直的人，在越来越复杂的社会环境中，刚正不阿已显得愈发珍贵。清华人，作为我国最高等学府的代表，他们却能为常人所不能为，将刚正不阿的珍贵品质深入到自己的骨髓中，从而为人们、为社会带来一股清新的正能量。

号称"死不甘心"的自由斗士的殷海光，是我国著名的逻辑学家、哲学家和思想家，他是台湾自由主义的开山人物和启蒙大师。早年他在西南联合大学哲学系求学，毕业后进入了清华大学哲学研究所，师从于我国著名的逻辑学专家金岳霖。他的一生，是不畏强暴的勇士的一生，他为人刚正，坚持真理，从未被强权吓倒过。

1942 年，殷海光经过了在西南联合大学的 4 年刻苦学习后，考入了清华大学的研究所，但热心政治的他，很快便卷入了校园内的各种政治斗争中。在 1944 年底蒋介石发表的《告知识青年从军书》的鼓动下，年轻气盛且对国家富有强烈责任心的殷海光放弃了来之不易的学术研究的机会，毅然决然地投笔从戎，参加了当时的青年军，准备为祖国和民族尽自己的绵薄之力。几番努力进入军营后，经过了 8 个月的摸爬滚打，天生书生气重的殷海光发现自己实在不适合军队的生活，无法成为一名铁血军人，无奈之下他离开部队回到重庆。但是这点挫折并没有使他意志消沉，而是转换目光，开始了在政治场上的角逐。

踌躇满志，一心想干出一番大事业的殷海光在同乡陶希圣的帮助下进入了国民党创办的《中央日报》，成为了替国民党摇旗呐喊的吹鼓手。不久，殷海光就认识到，像这样喊口号、歌颂丰功伟绩完全不能解决中国的实际问题，于是，他完全没有考虑自身的个人处境，调转枪口转向国民党，不断对其进行尖锐的讽刺。1948 年 11 月 4 日，他更是直接在《中央日报》上发表了题为《赶快收拾人心》的文章，猛烈地抨击国民党的权贵和其对国内外的政策，并因此惹怒了蒋介石，受到蒋介石严厉的斥责和警告。但深入骨髓的刚正精神让他不但没有退缩，反而迎难而上，在 1949 年 3 月又发表了一篇社论，讽刺跟随蒋介石到台湾的政要都是"政治垃圾"，因此受到国民党的攻击和迫害，不得不离开《中央日报》。

殷海光离开《中央日报》后只觉一身轻松，不久就到台湾和胡适、雷震等创办了在当时影响力颇广的半月刊《自由中国》，推出了以"今日的问题"为总标题的一系列社论，对台湾在政治、经济、社会和文化等领域存在的严重问题展开了全面的探讨，他在其中提出的一些尖锐的问题再一次惹怒了蒋介石，受到了蒋介石的一系列攻击迫害。紧接着《自由中国》被国民党查封，所有的编辑都被软禁，台湾的"警备总司令部"还专门为殷海光设计了一个陷阱，买通了他的一个朋友，利用其对国民党的不满来引诱他，准备在得到充分的证据后就对他动手。幸好国民党的这一诡计被他的好朋友识破，使得殷海光逃过一劫。差点被捕的殷海光依然没有被这些白色恐怖吓倒，反倒激起了他骨子里的宁折不弯的刚正精神，斗志昂扬，继续在各种杂志上发表文章，痛斥国民党的罪行。正是这种深入骨髓的刚正不阿的精神，才支撑着殷海光不断地战斗，终其一生为祖国和民族的复兴而奋斗，直至 1969 因病去世。

在那个动荡的年代，国家和民族都亟须这样正直的年轻人来拯救和振兴，而且在那样的年代，面对社会各个方面的压力和困难仍能保持刚正不阿的清华人就更显得弥足珍贵。

胡乔木先生虽然只是从清华大学肄业，但这丝毫不影响他后来成为"久经考验的忠诚的共产主义战士"，获得无产阶级革命家、杰出的马克思主义理论家、政治家和社会科学家等一系列头衔。

1930 年，胡乔木考入清华大学物理系，因为不想把过多的时间花费在实验上，而是想将更多的时间用于阅读书籍，于是，他转入了历史系。在学校，胡乔木接触到了很多新的思想，并开始参加一系列的学生运动，接着还秘密加入了共青团，成为了进步组织读书会的骨干。1930年，刚正不阿一心报国的他被北平团市委吸收，被委任为市委委员兼宣传部部长。但好景不长，不久，他就被以"同情'托派'分子"的罪名调离了岗位，后来，他离开了北平回到南方。之后进入浙江大学求学，又因为"插图"事件被当时具有严重法西斯教学思想的浙大校长郭任远认定为"赤色分子"，对他十分不满。就在胡乔木即将升入大四时，郭任远通知教务人员把胡乔木的考试成绩由 80 多分改为 50 多分，判定其不及格，然后，以此为由开除了他。这件事情被正直的费巩老师知道了，他积极地为胡乔木申辩，但专制的郭任远还是把胡乔木等十余名学生开除了。胡乔木没有因为被开除而放弃自己的理想，他依然积极地和志同道合的老师、同学联系，将党的指示和思想传播到了浙大的每个角落，还组织了一场"驱郭运动"，成功地推翻了郭任远在浙大的统治，迎来了被尊为中国高校四大校长之一的竺可桢校长。不久，胡乔木自己也到了革命圣地——延安，追随毛泽东，长期担任主席秘书，人称"中共中央一支笔"。

清华人的正直不单是在那个动荡不安的年代才存在，在如今这个和平的年代，正直、诚实依然是清华人坚守的宝贵品质。

世界著名的结构生物学家施一公，现任清华大学生命科学院院长。他曾给化生基科班的毕业生留言："做诚实的学问，做正直的人。"他认为，最基本的学术道德就是诚实地做学问，首先必须实事求是，完全尊重原始的实验数据的真实性，必须时刻警惕在研究和学术论文分析时出现错误理解和错误结论。同时做人也要诚实，但更重要的是要正直。诚实而正直并不代表固执和木讷，一个人不可能从小到大都没有撒过谎，一个成年人也不可能每句话都是完全真实的，若是在特定的环境下是允许善意的谎言的，这不仅是符合情理的，同时也能够得到大家的认可。比如对于病危病人的适当隐瞒和安慰，即是对他的关心和爱护。但在一般情况下，则要谨记，邪不压正，社会风气需要人们保持一颗正直的心，学术风气更需要正直。在学术界，国内存在着一些歪风邪气——学术潜规则，它的危害程度绝不亚于学术造假，而且比学术造假更具隐蔽性。这一现象很广泛，而且很难人赃俱获，给之以应得的惩处。现在国内最大的学术潜规则就是"官商勾结"，各取所需，那些掌握了立项、评审大权的科学家们通过和有实权的局处级领导合作，利用手中的权力取得国家大量的科研经费。这种学术潜规则严重阻碍了科研创新、学科新人的培养和年轻科学家的成长。

正直的施教授对这种情况深恶痛绝，明知公然发表这些看法会戳中那些人的痛处，引起他们的憎恨，可能给自己带来一些无法想象的后果，但是，本着一颗正直的心，要对得起自己的良心，对得起自己回国报效国家的目的，他还是毅然发表了这些言论，只希望自己的文章能起到一些促进科技体制改善的目的，希望每个人，至少是清华学子能从我做起，做一个自律和有职业操守的人，净化科技研究的大环境。

3

个人魅力绝不是一句空话，需要的是平等的姿态

很多人在成功之前和成功之后的心态会发生很大的变化：在尚未取得成功之时一味地伏低做小，仰视他人；当他一旦取得了一些成就，成为了所谓的成功者后就立刻变了样，似乎是"多年的媳妇熬成婆"，终于到了可以扬眉吐气的日子了，自视过高的他们不愿意再和比自己层次低的人打交道，自以为是，更不愿意再放低身份去向身份高于他们的人请教、学习。

自以为高人一等的人其实只是自我感觉良好，事实上有很多不如他人之处，而越是那些学问好、素质高的人往往越好相处，平易近人，极具个人魅力的他们越是达到新的高度，在生活中就越是容易交往，以平等的姿态待人。

被自己的同事喊做"老冯"、被学生们戏称"冯一百"的清华现任精密仪器与机械学系制造工程研究所党支部书记、所务委员会委员冯平法，尽管在学术界的地位很高，在清华学子面前也是老师，但无论大家以怎样的方式和他打招呼，他永远都是面露慈祥的笑容，为人虽然严谨却又平易近人。冯老师对学生们的关心无微不至，不仅关注他们的学习，还关心他们的生活甚至情感。有一次在他组织的实验室开组委会，他在总结了学生们的科研进展和讨论的内容后，还关心地说道："好像你们最近的娱乐活动有些少啊，咱们的文体委员要行动起来，好好地策划一下嘛，给同学们创造一个活泼休闲的学习氛围啊。"虽然是简单的一句话，却包含了冯老师对学生们的关心和爱护，

让同学们备感温暖。在同学们对未来生活的规划和个人的发展方面，冯老师也常常充当引路人的角色，他常常教导同学们："无论选择怎样的人生道路，首先一定是自己喜欢的、感兴趣的，然后一定要静得下心，沉得住气。"他常常告诉学生，一个人的职业选择会决定这个人一生的道路，如果没有选择好适合自己发展的道路，就会遇到很多难以克服的困难和苦恼。除此之外，在每个学期初，冯老师都会把学生们整体的工作做一个全面的部署，让每个人都能明确自己的工作，并合理安排高年级的博士生和低年级的硕士生的合作，让大家能很好地互相帮助，共同进步。他还积极鼓励学生承担社会工作，合理地引导学生全面提高个人的素质和能力，鼓励学生发展自己的兴趣，全面提高自己。冯老师这种在学习和生活上对学生无微不至的教导与照顾让他的学生受用一生。古人云"一日为师，终生为父"，这位专业知识过硬、深谙教学理论的老师对于学生们来说，不仅是一位好的老师还是一位慈父，他与"爱子"们平等交流，对他们关怀备至，是所有学子们的良师益友。

正是冯老师这种春风化雨般的教学态度、平易近人的处世之道，让他的人格魅力得到了最好的展现，也成为了所有清华学子提升个人魅力的好榜样。

一个具有人格魅力的人不单与自己的同事、学生相处融洽，即使与素不相识的人也能友善、平和地相处。毕业于清华大学的国际著名东方学大师季羡林先生，担任北京大学副校长期间，有一年新生入学的时候，一个刚刚考取北大的学生来学校报到，他拖着沉重的行李箱四下张望却找不到人帮忙看守行李。突然他看见了季羡林先生，因季先生穿着朴素，手里提着个塑料网兜，这位学生便误以为季羡林是北大的校工，于是就请求先生帮他看着行李。和蔼的季先生毫不犹豫地答应了，一直在烈日下帮他看行李，直至这个新生办完入学手续才离开。第二天的开学典礼上，这位新生才发现在烈日下帮自己看守行李的老人竟然就是副校长、闻名世界的国学大师季羡林先生，十分感动，同时也深深被季先生平易近人的人格魅力所折服。

晚年的季羡林由于身体不适曾在北京的 301 医院住了三年。平易近人的他完全没有大师的架子，和医院的很多医生、护士成为了好朋友，他的人格魅力就像一个大磁铁，将周围的人全都吸引到了他身边。有一回，一个年轻的小护士对他说起了某家报纸正在连载季羡林先生的著作《留德十年》，表示自己非常喜欢这本书，很想尽快看到下文，只可惜报纸上只是一期期地连载。季先生听到这里，立刻把李玉洁老师找来，让她吩咐人去买这本书，并开心地说："书就是写给人看的，只要这里面有几句话对年轻人有用，那就值得了。"小护士拿到季先生送的书开心极了，这一事件很快便传遍了整个医院，造成了轰动，大家纷纷来向季先生要书，还索要季先生的亲笔签名。"都给！"季先生豪迈地发话了，"买去。钱是有价的，大家的受益是无价的。"结果这么一趟趟地买下来一共买了 600 多本，而还在医院修养的季先生也一笔一划地亲自给签了 600 多个名字。作为季先生的助手，李玉洁老师对季先生的人格魅力的敬仰简直到了敬如天人的地步，李玉洁老师说："虽然照顾老先生在体力上来说确实很累，因为我自己也是快 80 岁的人了，但是这却可以从灵魂深处体验到一种特别的幸福，他让我感觉到生活在他身边简直是一种享受。"当被问到享受什么时，她回答："首先就是季先生的人格魅力。季先生在做人方面，从来都是严于律己，宽以待人，对自己很克制，但却喜欢照顾他人，以德报怨，虚怀若谷。而且他还一直坚持着平民立场，对任何人都没有等级观念，无论是大官还是平民，都是一样对待，医院里的勤杂工，大部分都和季先生聊过家常的。"

是的，季先生就是这样一个极具人格魅力的人，他从来不会介意自己或者对方的身份，永远以平等的姿态来对待他人。他同情弱者，主动关心他们，同时接触不同行业的人，绝不会以世俗的眼光将不同职业的人分出三六九等，在他眼中，人人都是平等的。

个人魅力的体现不仅在于需要提高自身的能力、学术素养，还需要个人在为人修养方面具备一定的深度。骄奢是做人的大忌。所谓"闻道有先后，术业有专攻。"每个人都有其值得尊重的地方，富有个人魅力的人不该是高高在上，供世人敬仰、可望而不可及的，而是应该融入大众，与普通人为伍，将他的人格正能量传递给所有人，以平等的姿态对待所有人。

4
清华人——"正义的使者"

　　德国著名的哲学家、古典哲学创始人康德说："在这个世界上，能够引起人们内心深处震动的只有两样东西，一个是人们头顶灿烂的星空，一个就是人们心中那崇高的道德准则。"坚持正义，这是中华民族自古以来重要的道德准则，在源远流长的中华文明之中，正义这一精神一直被传承着。

　　我国近代史上著名思想启蒙家梁启超的著作《少年中国说》中有这样一段话："少年智则国智，少年富则国富，少年强则国强，少年独立则国独立，少年自由则国自由，少年进步则国进步，少年胜于欧洲则国胜于欧洲，少年雄于地球则国雄于地球。"少年是一个国家的希望，只有少年们心存正义，这个国家才能正义长存。清华大学作为我国的高等学府，清华人更是当代少年中的优秀代表。作为新时代的大学生，正义的清华人是整个社会的良心，是社会正义和文明的化身，代表着整个国家的未来。正如美国政治哲学家罗尔斯所说："正义是社会制度的首要价值，正像真理是思想的首要价值一样。"正义之于社会的价值是居首位的。

　　我国近代著名的人类学家、现代考古学家李济先生，被称为"中国考古学之父"，他对于自己的考古工作有一句名言——考古先要有人品。确实，考古学家在工作中随时都能接触到无价之宝，历史上那些无法复制的瑰宝几乎都要经由他们之手，若是没有一颗正义的心，没有正直的人品，将可能使国家蒙受巨大的损失。

　　李济先生早年考入留美预科学校清华学堂，后在麻省克拉克大学学习心理学，接着又在哈佛大学修人口学，并拿到了硕士学位和哲学博士学位。1925年他回到清华大学国学研究院任人类学导师。李济真正参与考古挖掘是在1926年春天，加入了中央研究院历史语言研究所，担任考古组的主任。1937年，在对殷墟的第15次发掘完成后，震惊世界的"卢沟桥事变"爆发了。随着抗日战争的愈演愈烈，李济先生为了保护挖掘出来的文物不被战争破坏，他和几位工作组成员夜以继日地护送着1132箱珍贵的文物来到了长沙。但就在长沙暂住的3个月里，工作组的年轻人目睹了自己的国家被日本人侵略的场景，大家都义愤填膺，热血沸腾的他们毅然决定投笔从戎，参加到抗日的队伍里去。李济先生也不方便劝阻，只好自己带着大量的文物来到了昆明，幸而在这里遇到了几个同仁，加入了考古研究的队伍。之后又因为战争的激化，时局更加动荡不安，李济与他的考古队伍，辗转来到了四川宜宾的李庄镇。在这个小镇，他们在一次搬运文物箱的时候不小心打翻了一个装着人头骨和体骨的箱子，里面的人骨散落一地，被当地村民撞见后，引起了不小的恐慌。在战争中饱受煎熬的村民心里充满了恐惧，开始流言四起，村民们都说李济先生的考古队伍是专门吃人肉的组织。为此，李济先生和队友们引来了村民们的敌对和排挤。李济先生决定澄清这个误会，邀请了当地的官员和最有名望的乡绅座谈，解释他们的工作，讲述了研究人骨的意义，这才让村民们重新相信了他们，化解了一场暴力冲突。就在这场护送文物迁徙的过程中，身携无价国宝的李济先生一路上风餐露宿，经历了种种常人无法想象的困难，吃尽了苦头。而且，就在途中，他的两个孩子也因为路途颠簸，患病不治而亡，这件事情给李济先生造成了沉重的打击。但无论是多么艰苦的情况下，他始终不忘自己的任务，在那个战火纷飞的年代很好地将大量珍贵文物保存了下来，为国家和民族挽救了一笔无价之宝。

　　清华人的正义之心不仅是在那个风雨飘摇的战乱年代所需要的，在当下这个和平的年代亦必不可少，正义一词也绝不是某个年代某个地区的一时流行，而是任何年代或地区都该崇尚的重要品质。清华人不但自己严格坚守正义，校方也竭力给所有的清华学子创造一个充满正义的学习和生活环境，引导所有学生养成正义的批判思维和道德准则，让大家更为深入地了解什么是正义，怎样才是正义的行为，做一个"正义的使者"，将正义推广到社会的各个角落。尤其是在面对国家和民族的利益时，在攸关国家的大是大非面前，更应坚守正义，高扬道德的旗帜，绝不因一时的困难或诱惑而放弃自己的坚持，做出有悖正义价值观的事。

美国哈佛大学政府管理学教授、当代西方社群主义最著名的理论代表人物之一迈克尔·桑德尔，曾出任过美国前总统小布什政府的生命伦理委员会顾问，他所开设的"Moral Reasoning 22: Justice"课程被誉为哈佛大学的"传奇课程"，享誉全球。清华大学校方为了致力于将清华的学子们培养成"正义的使者"，让他们拥有正确的价值观、道德评判观，将桑德尔教授请到清华大学，开办了一场新人文讲座——《正义：怎么做才正确？》，近千名求知好学的学生云集报告厅聆听讲座。桑德尔教授在哈佛大学就已经教授了30年的"正义课"，他的课程在网络上也曾引起轰动。

讲座上，桑德尔首先提出了几个人们生活中常见的看似简单的问题：在暴雪肆虐的严冬，雪铲等清理积雪的工具涨价是否合理呢？在多年不遇的旱季，在严重缺水的情况下，商家又是否应该趁机提高瓶装饮用水的价格呢？就在桑德拉教授的苏格拉底式的问答方式下，现场的学生们跟着他的引导，一步步开始通过质疑对方到反思自己原本的立场来体验和思考这些往日有关市场、利益和正义的价值观。桑德尔教授接着还举出了人们生活中常见的票贩子高价兜售黄牛票，有钱的富豪花重金雇佣人候诊，有钱人用给学校捐赠巨额赞助来获取入学资格等现象，来考查学生对利益最大化、自由的选择、社会的功德和正义的价值观的认识。就是在这些生活中随处可见、鲜活实在的事例面前，学生们随着桑德尔教授条理分明的思维推理、缜密的逻辑性和生动形象的授课方式，情不自禁地去学习和思考问题，打破往日惯有的思维习惯，树立了更为鲜明和正确的价值观，成功理解桑德尔教授所提出的有关"正义"的两种价值取向，实用主义者遵照利益的最大化为其取向、自由主义者则强调选择的自由性和正当地获取利益，在尊重每个人都有自由选择的同时，要关注和促进社会主义和公众的公德性，致力于创造一个包含社会道德理想和公民觉悟的高素质的充满正义的社会。听完这次讲座，所有的清华学子都表示受益匪浅，他们感受到自己旧日的认知和思维都受到了很大限度的调动和挑战，这次"正义课"让他们开始不自觉地学习和思考新的问题，成为了一个更有思想和行动能力的"正义的使者"。

正义感这种东西无论在何时何地都不会过时，只要是有良知、能分辨是非黑白的人就应该自觉地站在正义的这一边，一个为虎作伥的人在任何时候都和人格魅力沾不上边，而强烈的正义感无疑是一个有人格魅力的人所必备的品质。因拥有强烈的正义感而被人们称作"正义的使者"的清华人，其人格魅力也是毋庸置疑的。

5
坚持自己的原则，刚正不阿

  要想在芸芸众生中拥有自己独特的人格魅力，脱颖而出，那就得鼓起勇气，坚持自己的原则，刚正不阿，不让世俗的"从众心理"影响自己，不让自己和众人一样在人生的道路上无谓地观望，并用乐观、积极的态度，培养广泛的兴趣爱好，自信地面对生活，感受人生的多姿多彩。

  我国著名的爱国民主人士、社会活动家和政治学家张奚若一生坚持自己的原则，不轻易为他人的意见左右，即使对方地位、权力都非同一般也绝不妥协。他本人堪称礼貌得体、沉稳谨慎的楷模，隐忍克制的他无论什么时候发表言论都斟字酌句，从不随意评论。虽然他是一个有名的大学者，学问渊博，但是在他人都争相著书立说的当时，张奚若先生却少有著述。著名的哲学家金岳霖在回忆录里感慨地说道："他的文章确实是太少了。"虽然张奚若惜墨如金，很少发表著述，却并不代表他没有自己的观点。相反，他留下来的少量著作《社约论考》、《主权论》、《卢梭与人权》、《自然法则之演进》都在当时引起了不小的反响。我国当代著名国际法学家王铁崖也在回忆张奚若先生的文章《法国人权宣言的来源问题》时说："那真是一篇罕见的好文章。"而且这篇文章即使在现在也具有很高的学术价值，对研究法律的后代学者有着重要影响。

  张奚若先生认为："治学是要投资的，给一批人时间，叫他们去研究，即便这批人中间可能只有少数人能真正地对社会有所贡献。"在他看来，真正的做学问并不是那么简单的，人们应该鼓励钻研，敢于面对失败，尤其不能急功近利。他的课在清华大学是出了名的"好上不好下"，在课堂上他讲的东西博古通今、涉猎非常广，但是下课之后学生们就必须按照他的要求做课后的学习和阅读工作，不容懈怠。张奚若先生最讨厌自己的学生拾人牙慧和鹦鹉学舌，他最欣赏的是能够独立思考有自己观点的人，即使是和他的观点对立也毫不在意。

张奚若先生不仅学术上要求独立思考、有自己的观点，对于政治提议方面也有原则、有主见，不畏强权。1937年，蒋介石邀请张奚若先生参加他在庐山举行的国事谈话，并给予了张奚若先生"国仕"的礼遇。但刚正不阿的张奚若先生完全不理会这些虚名，当他发言的时候，依然言辞激烈地抨击蒋介石的独裁政府和国民党腐败的种种劣行，备感难堪的蒋介石插话："欢迎提意见，但别太刻薄！"为此张奚若先生盛怒之下拂袖而去，决心再不参加这类会议，在政府寄来通知和路费时还毫不留情地回电："无政可议，路费退回。"此外，在新中国成立前夕，张奚若先生更是力排众议，提议将国名定为"中华人民共和国"，以《义勇军进行曲》为国歌，最后通过决议，在中国乃至世界的历史上留下了浓墨重彩的一笔。

坚持自己的原则，有自己的思想才能有自己的成就，尤其是在学术方面。同为"苏黄米蔡"四大书法家的黄庭坚虽然是师从苏轼，却不是完全模仿苏轼的书法，而是批判性地学习，自成一家，这也正是有自己的原则和思想，不被虚名所束缚才得来的成就。如果他只求模仿苏轼的话则永远不可能在书法界有一席之地，更别提之后与苏轼齐名。做学问，做学术研究，不能只知按着前辈的脚印一条道走到黑，更该有自己的原则和创新精神，开辟属于自己的新路、新的领域。

曾经在清华大学任教的著名数学家华罗庚说过："独立思考能力是科学研究和创造发明的一项必备才能。"早在华罗庚先生上初二时，他的这种独立思考、有原则的思想就已经显现出来。那时，他的语文老师很喜欢胡适先生的作品，于是，就让他的学生们都去研读胡适先生的作品，然后写下读后的心得，交给老师批阅。华罗庚当时被分到的是《尝试集》，当其他的同学都按老师的要求认真阅读并随时记下心得时，华罗庚却只读完了诗集的《序诗》就已放下不再读了。语文老师看到他这样很生气，问及原因，谁知华罗庚却回答得有条有理。他说，在这首序诗中一共有两个"尝试"，两者的概念应该是完全相反的，第一个"尝试"应是"只试一次"的意思，而第二个"尝试"则是已经经过了无数次的"尝试"了的意思，但是胡适先生对"尝试"的概念却混淆不清，还把诗集的名字定为《尝试集》，这样的《尝试集》还值得我读吗？老师听后觉得他很有头脑，有自己的思想，也就不怪他了。

还有一次，这个语文老师出了个作文题让学生们写，题目是《周公诛管蔡论》。这个事件按照正史的观点来说，管叔和蔡叔是周武王的弟弟，周武王去世后，成王尚且年幼，周公旦摄政，他们两个人心有不服，于是连同一个叫武庚的人一起叛乱，结果叛乱失败，他二人被周公诛杀。一般来看，由这个题目写文章，大家肯定是写支持周公的做法，说周公做得对。但华罗庚却特立独行地写了篇"反面文章"。他在文章中写道，如果周公不诛杀管蔡，说不定他自己也是会造反的，而且正因为管、蔡两个人看出了他的意图，做了他没来得及做的事，所以他才把管、蔡杀了灭口，而这样一来，他用维护周室的名义来诛杀管、蔡，自己之后也就没有了立场来谋反。华罗庚的这篇文章一出，语文老师非常生气，大骂华罗庚是在"污蔑圣人"，要号召全体学生群起而攻之，批判华罗庚的谬论。谁知华罗庚丝毫不为所动，还慢条斯理地解释道："如果你就只允许一种写法，那么你出题目时为什么不写《周公诛管蔡颂》，而要写为《周公诛管蔡论》呢？既然题目里有一个'论'字，那这个题目下的文章就应该是允许作文者议论，有不同的观点，不然还议论什么呢？"语文老师听后也被他超强的逻辑性辩驳所折服，只好作罢。

或许正是华罗庚先生这种从小养成的良好的独立思考、坚持自我的学习习惯，才让他在数学界取得了超凡的成就，而不是沉醉在前人的故纸堆中，没有创新。无论是谁，只要是他经过自己的独立思考而得出的结论，即使是错误的，那也比完全人云亦云、没有原则地服从别人的观点要强。若是一个人在学习的过程中从来没有对老师或者书本上的东西产生过疑问或反对意见，那么这个人一定缺乏独立思考的精神，没有自己的原则。

法国著名小说巨匠巴尔扎克也说过："一个能思考的人，才真是一个力量无边的人。"在清华人中，像华罗庚这般有自己独立的思想和原则的人绝不在少数。我国著名历史学家张荫麟在清华大学就读没多久，就做出了一件震惊全校师生的事：初出茅庐的他敢于针对当时已享有盛名的历史学家梁启超的考证提出异议，他在《学衡》杂志上发表了处女作《老子生后孔子百余年之说质疑》，并对梁启超的《中国近三百年学术史》系列演讲的附表中多处地方提出了质疑，还直言"其言信否诚吾国哲学史上一问题"。对此，梁启超先生说，那个附表是采自日本人的著作，而该日本人又是采自欧洲人的著作，所以才有些错误，这也是难免的。但坚持严谨治学原则的张荫麟依然不放弃，坚持就其中的问题加以核实和研究，他这一系列的质疑和叫板也让梁启超非常赏识。

一个敢于坚持自己的观点向权威挑战的人所拥有的人格魅力，是那些从来没有独立思考和观点的人永远无法匹敌的。像张荫麟先生这样敢于向老师和权威叫板，拥有这份"初生牛犊不怕虎"的胆气，正体现了清华百年四大哲人之陈寅恪说的："独立之精神，自由之思想。"这不仅大大提升了自己的人格魅力，而且还向人们传递了清华人的人格正能量。

我国著名教育学家陶行知先生说过："道德是做人的根本，一个没有道德的人学问和本领愈大，就能为非作恶愈大。"品德是一个人的成功之本，它包括诚信、勤劳、忠诚等多种优秀的道德品质。同时，人们的品德高下也直接影响到整个社会的道德风气和氛围。

清华大学作为我国最有名的高等学府之一，自诞生以来就肩负着建设社会、光大中华民族的重要历史任务。身为清华人，无论是老师还是学生，他们没有一刻曾忘却"天行健，君子以自强不息；地势坤，君子以厚德载物"的百年校训，始终不忘完善自己的品德修养，并将这股品德正能量传递到更深、更远的地方。

要想让人们的心灵不受困扰，就需要大家致力于品德正能量的传递，而清华人厚德载物的胸怀正是人们学习的榜样。

第十二章 【品德正能量】

清华让厚德载物精神遍地生根

1

品德考核，清华人一直坚守的测评底线

　　哲学家培根曾说过这样一句名言："美德犹如名香，经燃烧或压榨而其香愈烈，盖幸运最能显露恶德，而厄运最能显露美德也。"从古至今，品德是一个永恒不变的话题。清华大学党委书记陈希在全国优秀教师代表座谈会上就曾说，教师要以育人为本，而且是德育为先。可以说，清华大学一直以来都非常重视品德教育。

　　理智要比心灵为高，品德要比能力可靠。清华教授在强调品德的重要性时举了这样一个例子：宋代有四大书法家"苏、黄、米、蔡"，他们都非常有名。苏指的是苏轼，黄指的是黄庭坚，米就是指米芾，而由于这些都是大家公认的，所以都无可非议。但唯独这个"蔡"呢，有人说指的是蔡京，也有人说是蔡襄，那么它究竟指的是谁呢？大家众说纷纭，没有统一的说法。最普遍的说法本来是指蔡京，可是人们虽然承认他的书法造诣很深，却非常厌恶这个人，因为蔡京的人品极差，所以大家都不愿承认他书法家的地位。在宋哲宗元祐年间，蔡京为了排除异己，诬陷司马光等人为"奸党"，还亲自写碑文，题上他们那些所谓的罪状，刻制成石碑后立在全国。当时很多石匠因拒绝刻这个碑，被蔡京残忍地杀害。蔡京其实具有很高的艺术天赋，素有才子之称，他在诗词、书法、散文等各个艺术领域都有非常优秀的表现，当时的人们提到他的书法时经常会说是"冠绝一时"、"无人出其右者"，就连非常狂傲的米芾都曾经表示自己的书法不如蔡京。曾有一次，蔡京与米芾一起聊天，蔡京问米芾："当今社会谁的书法

最好呢？"米芾回答说："从唐朝晚期的柳公权之后，恐怕就得算是你和你的弟弟蔡卞了。"于是蔡京又问道："那其次呢？""那当然是我了。"米芾说道。然而蔡京才华出众，品德却非常恶劣，心地险恶。他身居高位时，不择手段地排挤苏轼，把苏轼驱赶出京师，还将苏轼的书法贬得一文不值，说它是一堆狗屎。更过分的是，他还下令在全国范围内将苏轼所题名的碑文全部捣毁。蔡京的人品如此之坏，人们无法容忍他排在"四大书法家"的行列之中，所以就把他的名字删除掉了。可是"苏黄米蔡"人们又说顺口了，于是就让蔡襄取而代之。蔡襄书法造诣也很高，特别刻苦，而且品德也非常好，他为百姓谋福利，深受人民的爱戴，于是人们认为蔡襄应该排在四大书法家的行列。由此可见，一个人的品德比他的能力更重要，如果一个人光有能力，却没有良好的品德，专做损人利己的事，人们一定会唾弃他，而只有德才兼备的人才会得到大家的认可。

意大利诗人但丁说过这样一句话："一个知识不健全的人可以用品德去弥补，而一个品德不健全的人却难以用知识去弥补。"对一个正常人来说，品德永远比智慧更重要。聪明才智对于一个缺乏道德的人来说，只是他们用来损人利己的一种手段，这样的人能力越强，对社会的危害越大。清华的师生们高洁清廉、品质优秀、以德服人，在品德修养这一方面，堪称是万世师表。清华著名的校长梅贻琦一生清廉刚直，他的一个学生林公侠曾经说："在如今这样贪污成风的社会，梅贻琦校长竟然一生清苦，清廉高洁到这样的地步，是非常让人敬佩的，这真是圣人的行为，单凭这一点，就已经足够成为万世师表了。"虽然清华大学教授的薪酬待遇都非常可观，但梅贻琦在清华担任校长几十年，却始终没有一点积蓄。梅贻琦担任校长时，办校的经费都要经过他的手，很多人认为这里可以捞到很多钱，然而事实是梅贻琦和全校师生们一样，过着清苦的生活。在联大成立初期，梅贻琦就把自己的校长专车贡献给学校做公用车，而他自己要出去办事则是靠走路。梅贻琦和普通教授一样租房子住，生活节俭，就连他的夫人韩咏华也因为家里贫困，到有钱人家里做佣工，赚钱补贴家用。梅贻琦的四个孩子都在联大上学，他把学校申请来的补助金全部发给学生，却不给自己的孩子领一分钱的补贴，甚至在后来，梅贻琦担任清华、联大、新竹清华的校长时，手中虽然常常握有巨款，办公室里却连一套普普通通的沙发都不舍得买。他手中掌握着清华大学基金，然而支付给自己的薪酬却非常少，以致他的一生都过着勤俭节约的日子。他去世后，留给人们的全是学校的基金账目，清清楚楚，一分都不少。

梅贻琦校长用他的实际行动向人们证明了清华的优秀品德。拥有智慧很重要，但拥有良好的品德，对一个人更为重要。因此，学习清华人的精神，做一个品德高尚的人，将会向社会传递更多的正能量。

一家公司要招聘员工，很多大学生都来应聘，却都失败了。轮到一名年轻人时，他走进办公室，看到地上有些废纸，便顺手捡起来扔进了垃圾桶里。正是因为这一微小的举动，他被录用了。前面面试的那些人没有注意到这件小事，把品德忽略在了一边，所以才会应聘失败。这个故事告诉大家，良好的品德会让你迈向成功的大门。其实，看一个人如何并不是只看他取得了多大的成就，而是看他品质如何、道德如何。一般来讲，品德优秀的人才更易获得成功，才值得人尊敬。

美在于心灵，而品德美才是最纯真的美。品德在人的一生中是至关重要的：人生就如同一艘船，品德便是船桨，拥有良好品德的人，才能推动船前进，驶向成功的彼岸；如果一个人没有了道德，宛如船没有了前进的动力，不进则退。所以，一个人要想获得成功，不仅要有奋斗目标，更要好好拿稳这块无价宝石——掌好船桨，不应该随意虚掷，要知道，稍不留神它就会离你而去，但你重新找到它却很难，就如大海捞针。

清华大学教授钱逊说，现在的社会诚信缺失现象很严重。很多关于品德问题的讨论中，总有些人说自己是被迫的，自己也没有办法。不管怎样，大家总是能找出一些借口为自己开脱。钱逊教授指出，要守住品德的底线，首先要认识到一点，那就是不能用客观条件为自己找借口。做任何事情总要有个要求，就像考试总要有个标准，60分及格，总还是有人达不到。不管做什么事情都要有一个标准，如果任何事情达不到标准都找个理由来为自己辩护，这就为所有作假开了一道口子。品德是一个人做人的底线，在任何条件下都不能马虎。一直以来提倡出淤泥而不染的品格，可是这说起来容易，做起来却很困难。做人，最主要的是要严格要求自己，不随波逐流，坚持自己，坚持正确的道德原则。清华人强调德育，强调体育，强调人的全面发展。作为世界一流的大学，一个重要的衡量标准就是看它培养的人才是否拥有良好的品德，能否为社会的进步和发展作出贡献。而清华大学坚持以育人为本，在德智体各项工作中坚持以德育发展为先，充分重视品德的考核。

高尚的品德是美丽的花儿，是最圣洁的心灵的体现，是智慧，也是人最宝贵的财富。学习清华人，做一个有品德的人，向社会传递正能量。

2
清华人用良好的道德书写出高尚的情操

　　中华民族用五千年的文明孕育出了中华儿女最优秀和最美好的道德，这些在清华人的身上都得到了最好的体现。

　　清华大学社会系主任陈达教授平时是个不苟言笑的人，生活过得俭朴而又有规律。他治学严谨，在教学中非常注重用道理和事实说话，也因为这样，他的作品内容充实有分量，被国内外社会学界的人所重视，尤其是人口学界的人。陈达教授的讲课就和他的做人、做学问一样严谨踏实。在上每堂课之前，他都会做非常充分的准备，讲课的时候严格按照准备好了的讲义提纲进行，每一字每一句的表达都有据可循，因此，陈达教授上课的时候很少会即兴发挥。但是，同学们对他的这种授课方式却比较有意见。后来，陈达教授可能也感觉到了同学们的这种意见，于是他在上《人口与问题》第一学期的课程结束时，很认真地问大家对他的上课方式有没有什么意见，有没有哪里需要改进的或者是要调整的。可是，因为陈达教授的名气很大，平时生活和工作的时候都是一个很严肃的人，大家尽管私底下对他的授课方式有些意见，但这时在课堂上却都默不作声。过了好一会儿，才有个学生小心翼翼地说道："教授，您的这种讲课方法，我曾经反反复复地思考过，像我们每个星期有三次课，一共就是六个小时，从宿舍到教室来回大概要一个小时，三次就总共是三个小时，那么每星期就要用九小时，一个学期如果按十八个星期算的话，就要用一百六十二个小时。但是，如果把教授的上课内容印成讲义发给大家的话，只要几个小时或者是一两天的时间，大家就可以全部看完，其他剩下的时间就可以学习其他的东西，这样不是更有效率吗？"陈达教授听了这番话之后，非常不高兴，脸色都变了，但他还是努力克制着自己，很平静地回答了学生的提问。下课后，上课发言的那位学生意识到自己可能言辞过于激烈，不够谨慎，刺激到了陈达教授，伤了他的感情，同学们也都为这位学生担心，怕他在以后的学习中会有麻烦。大家虽然都认为陈达教授作为一个有成就、有名望、修养很深的学者，肯定不会因为一时的生气而心存芥蒂，但还是免不了为那个学生担心。然而，事实证明，陈达教授是一位心胸非常宽广的人——他不仅在以后的学习中没有故意刁难那位学生，而且还给他的课程报告打了全班的最高分。后来，那个学生的毕业论文也由他亲自指导，还得了很高的分数，甚至毕业后，他还把那位学生留在了自己主持的国情普查研究所工作。"海纳百川，有容乃大"，用宽大的胸襟、良好的品德生活和工作，不因为一些小事而耿耿于怀，用包容的心去对待一切人和事——由此可见，陈达教授的品德之高。

清华人的高尚情操是值得大家学习的，而深受他们良好道德的感染，社会上也涌现出了很多感人的人和事：中国人永远也不会忘记5·12汶川大地震。在天塌地陷的那一刻，往日繁华的城市就在一瞬间变成了人间地狱，在这场巨大的灾难中，许多人失去了生命，许多孩子变成了孤儿……但也是在这一刻，团结坚强的中国人民显示出良好的道德和超强的民族凝聚力。人们万众一心，众志成城，所有中国人都把抗震救灾作为自己的责任，来自四面八方的志愿者积极主动地投入到了抗震救灾的工作中。"你们让我再去救一个，求求你们让我再去救一个，我还能再救一个！"这是在余震即将发生时的千钧一刻、一名普通的救灾战士志愿者被队友死死拖住时跪下哭喊着说的话，其他的抗震救灾的队员听完这句话，都流泪了，全国的人民也流泪了。这名战士只是为了尽自己最大的力气从死神那儿多抢回一个幼小脆弱的生命，而他虽然只是千千万万救援战士志愿者中的一个，但是，这发自肺腑的一句话，却显现出了他良好的品德和高尚的情操。

　　苟晓超是一名年轻的老师，在地震即将发生的时候，他并没有撇下学生不管不顾自己跑，而是本能地对学生们大喊："同学们，快跑！"而他自己却在最后抱起了两名相对弱小的学生迅速地往楼下跑去。到了楼下，放下这两名学生，他顾不上喘一口气便又返回三楼抱起另外两名学生……当他再一次返回三楼准备救下两名学生时，顶楼轰然倒塌，他被混凝土块砸断了双腿，倒在血泊之中。但他一点都不顾及自己个人的安危，要求其他人先救学生，最终年仅 24 岁的他就这样倒下了。这位老师在生命的最后时刻仍然牵挂着他人，表现出了高尚的道德情操，给社会甚至是全世界人民都传递出了一种无私奉献、舍己为人的正能量。

　　良好的品德总能使人绽放出人性最美好、最光辉的一面，像这种令人感动的正能量还有很多。清华大学教授赵家和在进入清华大学经济管理学院后，为了学院的建设和发展呕心沥血，在退休后还以"兴华助学"的名义把自己一生所有的积蓄都捐出去了。赵家和教授一生辛苦，生活也很简朴，可他还是时时刻刻关心着祖国教育事业的发展，尤其是贫困地区的教育问题。早在 2006 年，赵家和教授就开始用自己的积蓄开展"兴华助学"这一活动，在一些边远的艰苦地区，比如甘肃、青海等地方资助一些家境困难的学生，帮助他们完成学业。即使在得知自己患有癌症后，在与病魔作斗争的同时，赵家和教授也没有忘记帮助贫困山区的孩子上学。2012 年，赵家和教授用自己毕生的积蓄推动成立了甘肃兴华青少年助学基金会，为的是让那些西部边远艰苦地区的孩子也能有学习的机会。

　　虽然受过他资助上学的学生有上千人，但自始至终赵家和教授都没有去宣传自己助学这件事，他坚持做好事不留姓名，一直都不肯接受报道和宣传。赵家和教授的一生都在默默耕耘着，他严谨教学，体现了清华人"自强不息，厚德载物"的精神。可以说，赵家和教授所做的一切，体现了清华人的高尚情操。

　　一个拥有良好道德的人，不仅会赢得人们的尊敬，而且会为社会传递正能量，使社会环境变得更美好。人们应该学习清华人所具有的

高尚情操，成为一个道德建设的宣传者、实践者和捍卫者，为社会传
递出更多的正能量。

3
清华遍地发芽的是令人钦佩的品德修养

品德修养是一个人的第二张身份证，虽然生活中以貌取人的现象还是有的，但是只有个人的品德修养才是他真正的形象。外表美不是最美，心灵美的人才是最美的。一个人如果没有品德修养，那么即使他有天大的聪明也无法取得大的成就。清华大学前任校长顾秉林在2011年夏季研究生毕业典礼上就问道："清华人最本色的'光环'、最显著的标志是什么？"他指出，要把文化知识学习和思想品德修养紧密结合起来，继承和弘扬清华大学的优良传统，努力做到德才兼备。坚持德育为先，即好好学习清华老一辈人的精神，并把他们的精神发扬光大。

太平洋战争爆发后，日军对香港发动了猛烈袭击，而那时，陈寅恪正在香港任大学教授。因为香港的失陷，学校也就停了课，陈寅恪不用去学校上课了，便在家里待着。由于陈寅恪的名声很大，日本军部也知道他是位有名的学者，而且还精通日文，于是对他格外优待，在他家门口做了一个记号，禁止日军去骚扰他。当时条件艰苦，粮食紧缺，日军又派人送了两袋大米到他家，但是他并没有接受，而是将日军和大米拒之门外了。后来，陈寅恪的兄长陈衡恪知道了这件事情后，写了这样一句话在诗中："正气吞狂贼。"

1948年6月，国民党的纸币一直在贬值，买一包纸烟就要几万块钱。在这样的大环境下，清华大学教授的薪资虽然也在涨，但远远比不过漫天飞涨的物价。这样，教授们原来比较优越的生活没有了，他们和其他百姓一样生活拮据，尤其是那些家里人口多的，处境更是窘迫。当时，国民党为了缓解民愤，就耍了一个小聪明，搞了一种配购证，拥有配购证的人可以用较低的价格去买"美援的面粉"。那时，美国正在积极扶持日本，而吴晗等人就商量了一下，决定揭穿国民党政府的阴谋，抵制美国政府对中国人的侮辱，并且还决定为此发表一个公开声明："为反对美国政府扶持日本的政策，为抗议上海美国总领事卡宝德和美国驻华大使司徒雷登对中国人民的污蔑和侮辱，为表示中国人民的尊严和气节，我们断然拒绝美国具有收买灵魂性质的一切施舍物质，无论是收买还是给予的。下列同仁统一拒绝购买美援议价面粉，一致退还购物证，特此声明。"声明写好了后，还是和往常一样，每个人负责联系一些人，征集签名。于是，吴晗拿着声明书去找朱自清，那时朱自清在严重的胃病折磨下，每天只能吃很少的东西，人很憔悴，说话也很低沉。虽然朱自清有许多孩子，日子比谁过得都苦，可是他看完声明后，毫不犹豫地就签上了自己的名字。不仅这样，在清华大学工字厅举行的"知识分子今天的任务"座谈会上，朱自清还这样说道："现在的知识分子有两条道路可以选择：一条是帮凶帮闲，向上爬的；还有一条是向下的。知识分子是既可以上也可以下的，所以知识分子是一个阶层而不是一个阶级。"朱自清虽然家里贫困，他还是坚持拒绝购买美援面粉。甚至就在他逝世的前一天，他还告诉妻子要记住自己是在拒绝美援面粉的声明上签过字的。

陈寅恪、朱自清、吴晗等人拒绝接受美国的救济粮，不畏强权，拒绝向侵略者低头，坚守了中国人的气节，充分体现了清华人高尚的道德情操。品德修养是一面镜子，照耀着每个人的一举一动，让每个人都能分清荣辱。一个有品德有修养的人，他会时时刻刻为他人、为社会着想。清华改制后的第一任校长罗家伦在《知识的责任》一文中提出有知识的人"要负起更重大的责任来"，钱学森说"我的事业在中国"，王淦昌说"我愿以身许国"……这就是清华人的责任，是清华人最本色的"光环"、最显著的标志，也是清华人应有的人生境界。

前苏联作家契诃夫有这样一段名言："一个真正有道德、有修养的人，在看到别人喝汤的时候把盘子里的汤溅得四处都是，他不是看着对方的，而是知道自己该把头扭到相反的一面，装做什么都没有看见。"

有个医生，到一所小学去拜访一位老同学。刚走进校园时，他就看见一个挂着拐杖的小男孩正一瘸一拐地从自己面前走过。这位医生觉得很奇怪，但他还是接着往学校里走，可是没过一会儿，他又看见一个小女孩，眼睛上裹着层层纱布，被一个看上去应该比她小三四岁的男孩搀扶着，两个人一起小心翼翼地走进了教室。这位医生忍不住心中的好奇，问他的同学："你们这里怎么会有这么多残疾儿童？"他的同学微笑着解释道："他们不是残疾人，这是我们学校的爱心增长课。学校为了让这些幼小的心灵能够真正理解和同情别人的疾苦与不幸，就要求所有学生，在一个学期当中，每个人都要过一个盲日、一个聋日、一个残疾日和一个哑日。比如轮到过盲日这天，有些小朋友的眼睛就要被包起来，什么都看不见。然后学校里再分派其他孩子去帮助他们，这就会使扮盲者的同学和帮助他们的人都从中受到教益。"听完同学讲的话，这位医生走到一个蒙着眼睛的小女孩面前，亲切地问道："你这样子缠住眼睛，看不见东西，不会觉得难受吗？"小女孩高兴地回答说："不会的，一开始的时候，是会觉得有些难受，但只要一想到那些终生都看不见东西的人，就会觉得自己真的很幸运。"紧接着，小女孩又兴致勃勃地说："自从过了盲日、聋日、哑日和残疾日之后，我学到了很多，也更能体会那些人的感受了。给予别人帮助，被别人需要真的是一件非常快乐的事情。"

做一个品德高尚的人，因为品德是社会文明的一种体现。一个有品德的人，必定是一个有修养的人。不管在什么样的时代，人们只要具备了高尚的品德，有一定的修养，就会得到别人的尊重。其实，做一个有道德的人很简单，只要做每一件事都用心仔细想一想，多为他人考虑一点，品德和修养就会伴随在你的身边。

清华大学法学院院长王振民谈到毕业生未来发展时提出了自己的观点："要做一名不愧于清华盛名的清华人。清华大学追溯历史，已

历经百年沧桑，在过去的百年里，清华大学人才辈出，他们为祖国的
建设发展作出了巨大贡献。因此作为清华人，一定要继承前辈们在百
年历史沧桑的烈火中锤炼出来的特有的品格，也就是"清华大学之品
格"，即：强烈的家国情怀、社会责任意识和历史使命感，理论联系
实际的能力，独立之精神、自由之思想以及对卓越不懈的追求。"可
以说，遍布海内外的清华人，时时散发着的是良好的品德修养。

4

清华人厚德载物的精神

　　"天行健，君子以自强不息；地势坤，君子以厚德载物。"早在1914年，梁启超先生来到清华大学演讲时就用这两句话来勉励清华学生，并鼓励道："清华学子，荟中西之鸿儒，集四方之俊秀，为师为友，相磋相磨。"从梁启超那次演讲之后，清华大学就把"自强不息"与"厚德载物"作为清华大学的校训，以此来激励清华人。而清华学生也用他们的实际行动告诉人们什么叫清华人"厚德载物"的精神。

　　戴彬彬是1990年从清华大学热能汽车系暖通专业毕业的，现在已经是北京建工集团有限责任公司的副总经理兼房地产开发部总经理，主管着集团的地产、对外投资、设计院、环保、物业等多个分公司。他在谈及自己成功的经验时就说到清华大学给他的影响很深，教会了他刻苦努力、自强不息的精神和良好的品德。在他看来，优秀的企业领导除了必须具备管理知识外，一定要有特别高的综合素质，要有很强的人文精神以及优秀的道德品质——企业要不断发展壮大，如果没有道德的支撑，那所有的成就都会是昙花一现，即使是创利一时，也有可能会祸害他人而最终祸害自己。特别是搞房地产业，如果不去兼顾城市的规划，随心所欲地盖房，那会对社会造成恶劣的影响。深受清华大学服务于社会的价值观念的影响，让戴彬彬始终认为一个企业除了要追求经济利益以外，更要兼顾社会利益，有职业道德操守。

　　戴彬彬对企业文化的建设有很多独到的见解，他觉得一个企业的建设如果没有企业的管理理念、文化和品德的一同进步，企业是不能得到长远发展的。不管在工作中遇到怎样的困难和挫折，戴彬彬总是用乐观积极的心态去面对，从来不逃避问题。对于这一点，戴彬彬认为这是清华大学给他的一笔财富。一个人的品德决定了他看待问题的角度和处理问题的方式，而良好的品德是一个人灵魂的体现，如果一个人的品德败坏了，趣味也必然会堕落。学校每月开展一次"道德讲堂"课，以此来提升学生的品德修养。一直以来，清华大学都在致力于研究开展具有自身特色、能够积极调动学生的活动载体，并以此来确保"道德讲堂"的开课质量。清华大学计划将通过持续深入开展"道德讲堂"活动，在全校师生中普及道德理念、讲述道德故事、展示道德力量、弘扬道德精神，着力提升全校清华人的素质修养和社会文明程度，为推动清华大学的科学发展，实现新的跨越发展提供强大的精神动力和思想文化保证。

根据清华大学孙立平教授介绍，清华大学举办的"道德讲堂"活动将以深入开展社会公德和个人品德修养的教育为主要内容，也就是，围绕"品德"这一主题，加强宣传推进社会公德建设；围绕"诚信"主题，强调个人道德的重要性；围绕"团结"这一主题，培养清华人的团队精神；围绕"友善"主题，推进个人品德建设，引导全体清华人在学校里做一位好学生、在社会上做一个好公民、工作中做一个好员工，使他们拥有良好的品德修养，因此，践行道德规范成为了清华每一个人的自觉行为。按照以德育人、以文化育人的教育理念，遵照贴近实际、贴近生活、贴近群众的原则，按照内容丰富化、形式多样化、对象群众化的要求，清华大学将以"六个一"为基本方向，大力推进"道德讲堂"建设。为此，学校精心设计了"唱歌曲，学模范，诵经典，讲故事，发善心，送吉祥"的基本模式，强化讲堂的仪式感。其中"唱歌曲"是指每次开讲之前，组织学生唱一首道德讲堂主题歌曲；"学模范"是指围绕主题，组织全体师生观看一部道德建设先进人物事迹短片；"诵经典"是指组织学生诵读一段中华传统经典语录或公民道德"三字经"；"讲故事"是指讲述一个发生在大家身边的体现传统美德与时代精神的典型事例；"发善心"及"送吉祥"是指通过身边好人好事的介绍，讲述自己的心中感受，品悟道德力量，升华自身境界，互相送吉祥和祝福。

更值得一提的是，清华大学还将以"我听、我看、我讲、我议、我选、我行"为主要模式，形成"六个我"的课堂讲课形式，让每位师生都能积极主动地参与到"道德讲堂"课上来。其中，"我听"指的是听先进事迹宣讲；"我看"指的是观看优秀事迹短片等；"我讲"指的是员工自我宣讲道德故事；"我选"指的是互相推荐先进人物；"我议"指的是对先进事迹发表感想，或对不符合社会主义品德要求的行为发表议论和看法；"我行"指的是清华人在感知、认知、接受先进人物的优秀品质后，群起效仿，转化为自觉行为。通过宣传这些凡人善举，鼓励和引导大家讲自己、讲他人、讲身边的道德故事，从而建设好"道德讲堂"，确保"道德讲堂"活动能够有序、有力、有效地推进。

诸葛亮曾经说过这样一句话："夫君子之行，静以修身，俭以养德，非淡泊无以明志，非宁静无以致远。"古往今来，沧海桑田。虽然时光在飞逝，时代也在不断地变迁，但是关于品德修养的重要性不仅丝毫没有减弱，反而越来越被人重视。清华人始终坚持自强不息、厚德载物的精神。在将近一百年的风雨历程中，清华人曾经为了抵抗日本侵略者弃笔从戎，为了推翻国民党的腐朽统治奋起抵抗，为了捍卫祖国和人民而流血牺牲，也为了改革开放贡献智慧和力量，为了新中国的建设远赴边疆。朱自清虽然家境贫困，但仍然是"宁可饿死也不领美国的救济粮"；闻一多为了和平和民主奉献了自己的生命……总之，这么多年以来，清华师生始终以"自强不息，厚德载物"的校训来自我勉励着。

品德是火焰，能够点燃希望之火；品德是明灯，能够照亮人生的道路；品德是启明星，能够引导人们走向辉煌灿烂。清华人所激发起来的"厚德载物"的精神，贯穿于整个清华的历史中。清华校训中的"厚德载物"，要求清华人要具有如大地般博大与宽阔的胸怀。而这一点就大多数清华人来说，他们做到了，所以他们是无愧于清华英名的。当今，我们学习清华人厚德载物的精神，就是要用更多的正能量去建设社会，服务人民。

5

优秀的品德是成功必不可少的条件

罗曼罗兰说过："没有伟大的品格，就没有伟大的人，甚至也没有伟大的艺术家，伟大的行动者。"一个人能否成功的决定性因素不在于他具有多大的能耐，而在于他是否具有优秀的品质。通常，一个具有良好道德的人，对社会、对生活都充满了无比的热情。清华大学教授李星也说："知识不如能力，能力不如品质。"

一个人有高尚的品德和道德情操，才更有可能获得成功。没有品德的人，即使成功了也不会持久，而且一个没有道德的人是不会受到别人的尊重和信任的。

一个富翁的儿子与朋友一起做生意，被朋友给骗了。富翁的儿子非常懊恼地说："没想到我朋友是那种人，我们以前相处得那么好，什么都一起分享，而他为了钱竟然出卖了我！"富翁知道后，就安慰儿子，并告诫儿子说："每个人都有自己的道德底线，当外在的诱惑突破了他们的道德底线时，他们就会不管不顾，颠覆掉传统的自己所坚持的道德准则。"儿子听完父亲的话后，一脸迷惑地说："怎么会这样子呢？我们曾经是那么要好。""那我们做个实验吧。"富翁这样跟儿子说道。于是，富翁领着儿子找到了商人李磊。李磊的门面其实并不大，他们去时，李磊正在悠闲地喝着茶。富翁走过去跟他说："我有一批货想和你合作，利润很大，你看怎么样呢？"李磊听后骨碌碌转了转眼珠子，一脸狐疑，有点不太相信。富翁又说道："我可以等你卖了货再给我钱。"这么好的事，李磊当然会同意。生意谈成后，富翁投放了 1 万元钱的货在李磊的店里。随后，富翁又领着儿子找到了门面稍微大的另外一个商人张强，还有门面更大的商人刘永，都各放了 1 万元钱的货在他们店里，让他们卖完货后再找富翁还货款。一个月后，刘永率先来找富翁，因为刘永的铺子大，货卖得比较快，所以第一批货很快就卖完了。刘永向富翁还了货款后，并提出要从富翁这儿进更多的货。没过多久，张强、李磊都来还了货款，均希望从富翁这儿进更多的货。于是，富翁就各给了他们 3 万元的货。富翁的儿子说："他们还蛮讲信用，应该多给他们一些货。"富翁只是笑笑，并没有说什么。

又一个月后，刘永又率先来还钱了，并提出要从富翁这里进更多的货。紧接着，张强也来了，也提出要从富翁这里进更多的货。可是，李磊却没有再来。于是，富翁领着儿子来到了李磊的店铺，这里却早已是人去楼空。看到这种情况，儿子很气愤地说这个商人真是不讲信用。富翁还是什么都没说。这一次，富翁给了刘永和张强各 5 万元的货让他们去卖。儿子认为这两个商人都值得信任，就让父亲多给他们一些货，富翁依然笑而不允。又过了一个月，刘永还是率先来还钱，依旧提出要更多的货。而张强却没来。富翁领着儿子到了张强的铺子，发现已是人去店空。儿子很吃惊。这回富翁赊给了刘永 8 万元的货。一个月后，刘永依然按时还钱给了富翁。富翁再次赊给商人刘永 15 万元的货。又过了一个月后，刘永又把钱按时还给了富翁。这次，富翁赊给了刘永 30 万元的货。一个月后，刘永却没有再来。儿子想了想，觉得刘永一直很讲诚信，认为他没来一定有特殊原因，因为他一直很讲信用。富翁没说什么，便领着儿子到了刘永的铺子，毫无例外，同样是人去店空！至此，儿子惊呆了。富翁说："孩子，这些商人都缺乏高尚的道德情操，李磊的道德底线是 3 万元；张强的道德底线是 5 万元；刘永的道德底线是 30 万元。但你不用担心，一个没有品德操守不讲信用的人，是注定成就不了什么事业的。"儿子这时彻底明白了，优秀的品德是一个人成功必不可少的条件。

良好的品德就好比雨天后空中出现的一道绚丽的彩虹，只要它一现身，便会带给我们雨过天晴的喜悦与欢乐。一直以来，我们的身边就有许多体现出良好品德的事情。2011 年 8 月 31 日中午 11 点 30 分许，在常州市新北区一家移动营业厅工作的小孟，到建行新北区天安工业村自助银行的 ATM 机存款，排在她前面的年轻男子操作完后，小孟正准备插卡，看到柜员机的屏幕上显示"确定"和"取消"，当小孟按下"取消"键时，ATM 机突然吐出一沓钱来。小孟惊呆了，她立刻想到这钱有可能是前面那名男子的，她抓起钱就追了出去，但是那名男子早已不见了踪影。小孟拿着钱数了数，共有 2900 元。于是她带着钱来到城北派出所，希望警方找到失主。

后来这个事情终于被弄清楚：原来是外来务工人员赵某去自动取款机想要把自己两个月的工资转账给家人盖房子，但因为程序没有完全操作好就离开了。钱最终失而复得，赵某拉着小孟的手感激不已，决定把一部分钱拿出来作为酬谢，但小孟坚决不要。"拾金不昧"是中华民族的传统美德之一，只要我们耐心去发现，生活中处处都是好人好事，而我们也需要去向他们学习，培养自己良好的品德以向社会传递正能量。

因此，具有良好的品德，会让你伸出热情的双手，会帮助你找回迷失的自我、奋勇前行。

在良好的品德带你走向美好时，其间，你还将承载许多的"容忍"。著名学者季羡林曾经在他的《季羡林说人生》一书中比较详细地阐述了自己对"容忍"的理解：唐朝有一个姓张的大官，家庭很是和睦，非常有名，他的名声甚至传到了皇帝的耳中。皇帝听说后，赞美他治家有道，就问他是怎么做到的。这位大官就一口气写了一百个"忍"字。在他看来，一个家庭要互相包容，互相体谅才能和和睦睦。季羡林忍下无数难以容忍之苦，身后却留下上千万字的学术著作，有学者给季羡林先生作传，为他的一生提炼出八个字——"清华精神，北大其魂"，将他看作清华、北大两所著名学府的精神象征。但如若季羡林先生失却容忍而难以静心研究学术，又怎能成清华北大的精神象征？

学习清华人，做拥有一个良好品德的人，为自己获得成功打下坚实的基础，也为社会为祖国注入更多的正能量。

第十三章

【勤奋正能量】

清华告诉你勤奋才是修补劣势最好的『强力胶』

一年之计在于春，成功之计在于"勤"，不管你是一个聪明绝顶的人，还是一个天资条件差于常人的人，没有勤奋就没有成功。在清华人的眼中，勤奋是其修补劣势最好的"强力胶"，一路走来，清华人获得人生成功的金玉良言就是"勤能补拙"，他们将勤奋这种正能量在清华校园里撒播，生根发芽，精心呵护其成长，使得勤奋精神不仅在清华学园长盛不衰，而且还以点带面地把勤奋的种子传播到了祖国的每一个角落，教人在生活中勤奋学习，脚踏实地地做人。

1

清华人将勤能补拙视为成长最大的心得

成长是人生中必经的一个过程，人一出生就慢慢向着事先设定的生命体系一个一个地去突破，好像自成系统，从外界获取能量，而学习可以让一个人的人生更加具有系统性，从而使人走向成功。哲学上说，凡事都是一个从未知到已知的过程，没有不可认识的事物，只是没有认识到，所以这就需要去学习，探索。人也一样，生下来就是一纸空白，然后通过不断的学习，在空白的纸上描出多姿多彩的人生经验，这就是成长。

清华学子华罗庚曾经说过："勤能补拙是良训，一分耕耘一分才。"从这句话中就能看到以华罗庚为代表的清华学子之所以能取得那么大的成功，不是因为清华人有多么聪明，而是因为他们把"勤能补拙"视为成功的法宝，同时这也是他们成长过程中最大的心得。总之，他们相信只要勤奋努力，就能超越那些聪明的孩子。

冰心说："成功的花，人们只惊羡它现时的明艳！然而当初它的芽儿浸透了奋斗的泪泉，洒遍了牺牲的血雨。"这充分说明：一个人的成长是需要百分之百的付出的。

著名文学家郭沫若先生在上小学的时候，老师上历史课讲到我国边疆少数民族的历史时，要求大家记住很多难记的名字——名字怪异，且很长，像今天中文翻译来的外国名一样。这些难记的名字给郭沫若学习历史造成了很大的麻烦，为了清除这个障碍，郭沫若想到了一个绝佳的办法，他叫上班上一个玩得很好的同学，在一个光线十分暗淡的自习室里背诵历史，并且两人还进行记历史名字比赛，之后两人苦读硬背，直到把历史背得滚瓜烂熟才允许自己出自修室。这种勤能补拙的精神伴随了郭沫若先生的一生，在后来的人生岁月中，他孜孜不倦地学习，几乎天天苦读，即使重要的休息日也不例外。不仅如此，郭沫若还把史学家司马迁写的《史记》从头到尾整整读了一遍，他对《史记》中的文章一篇一篇进行分析、校订，甚至写评论，并在文章末尾写下批注，有时候看到《史记》里有弄错的字词、话语，在仔细的阅读过程中都加以校正。不仅如此，他还把《史记》里面最经典的言论和一些难得的资料视为宝贝，抄录下来，放在手边，以便随时阅读和学习。郭沫若一生成就非凡，写了大量的著作。写书的时候他有一个习惯，那就是即使再苦再累，也从来不让人代为抄写。郭沫若晚年撰写《李白和杜甫》这部研究型的著作时，视力已大为下降，有人建议让助手代他抄写书稿，但他不同意，仍然坚持自己抄写。可以说，正是这种勤能补拙的精神，铸就了郭沫若在文学史上的地位。

生活中，不管你做任何事，如果没有刻苦努力、勤奋学习是很难到达成功的彼岸的，即使你天资聪颖，到头来还是会一无所成。几岁就能写诗的方仲永就是个很好的例子，由于他不勤奋、不耕耘，所以他最终的结局是二十几岁时写诗水平和小时候差不多。这显然是一种悲哀，每个人都应以此为戒。

科学家通过多次试验得出这样一个结论："勤奋可以不断刺激一个人的脑细胞，通过频繁刺激可以将学到的知识储存起来，以便在需要的时候可以随时提取。"勤奋学习能让一个人更加聪慧，一些智力较低、天生条件不好的人可以通过勤奋学习增长智慧，最终化拙为巧、为灵。清末直隶总督、两江总督曾国藩，自幼天赋不高，一本书常人随便看看就可以懂其大意了，而曾国藩却要读很多遍，有些时候甚至他们家的丫环听他读书都能背诵下来了，他却还背不下来。但是曾国藩读书刻苦，最终成就了赫赫威名，成为中国近代史上最有影响力的人物之一，也成为很多读书人学习的榜样。人的这一生不经过勤奋怎能知道勤奋是一个幸福的过程，是未来美好生活的一把钥匙呢？

　　勤奋努力让清华人不断成长的同时，也让清华人不断地取得成功。从 2006 年全国大学生年度人物谷振丰的身上，更是让人们看到了清华学子的勤奋之至。谷振丰刚进清华园学习计算机的时候，连开机关机都不会，但是"天行健，君子以自强不息"的校训激励着谷振丰，他相信勤能补拙，他说："我来到清华，不是为了让困难打倒的，而是要去战胜困难，学习知识，在各个方面取得进步，最终获得成长。"之后的谷振丰，过上了图书馆、食堂、宿舍三点一线的生活，刻苦努力，除了吃饭、睡觉和体育锻炼，几乎把所有时间都用在了学习上。经过一番努力，谷振丰就尝到了胜利的果实——在一次微积分考试中拿了满分。

　　谷振丰在看书时非常认真，喜欢给书挑错，他说："如果能找到书中的知识性错误，说明你已经能以更高的层次去掌握那些原理和方法了。"他通过不断刻苦钻研，获得了学校的各种奖学金，而且在各个方面都取得了很大的进步，为以后投身于祖国的航天事业打下了坚实的基础。正因为谷振丰这种勤奋努力，才让他在 2006 年获得了全国优秀大学生的殊荣。清华人谷振丰传递出的这种勤奋好学的正能量，让人们看到了一个人应有的精神品质，而要想成功，也只有勤奋努力才能达到。

　　清华是中国莘莘学子的理想殿堂，那里承载了很多人的梦想。每一个走进清华的人最先感受到的一股强烈正能量就是勤奋，而能进入清华学习的人都是各个省市的佼佼者。但是到了清华，情况就不一样了，清华高手如云，人才集聚，正是这样的氛围时刻警醒着清华人，不努力就会落后，让人笑话，要想永远站在人前就必须比别人更加勤奋好学，这才是成功的不二法门。其实，不是每一个清华人都天资聪颖，智力超群，除有个别天赋极佳、天资聪慧外，大部分人的智力和天赋都和一般人别无两样，那为什么他们在学识上能取得那么大的成就呢？因为他们相信勤能补拙，正是这样的信念激励着清华人刻苦努力、奋勇向前。勤奋是成功的奠基石，假如你天资聪慧、才华横溢，要想在某一领域有所建树，就必须孜孜不倦、坚持不懈地努力奋斗；

假如你天资普通，智力一般，就更需要艰苦学习，付出比常人更多的努力，这样，你同样也能在某个领域取得成功。

2

清华为什么能释放出勤奋正能量？

刚刚入学的清华人所上的第一课"天外有天，人外有人"，让昔日的尖子生重新定位，快速适应大学生活，向先贤学习自强不息的奋进精神。清华学子张超说："在历史上，清华大学有许多的学生都成为国家的栋梁，他们是清华人的楷模，大一新生进校，就先通过团队训练营接受清华精神的熏陶。这样激发清华学子们向先贤看齐，自强奋进、不断赶超，这样就使得他们更加勤奋、更加刻苦地学习。

最近占据各大网站头版头条的"清华学霸"，除了让人惊奇外，更是让人赞叹和折服，折服的是他们拥有常人难以企及的勤奋和自强不息精神。那么清华学子在生活中是如何学习的呢？在体育方面，清华每年都要测跑三千米，跑不过的学生不准毕业，而且取消读研资格。因此清华学子每天都需要抽出时间来锻炼身体，这样就为清华人勤奋学习储备了身体上的优势，以致清华人能发出"为祖国健康工作五十年"这样充满力量的口号，同时也锻炼了清华人勤奋学习的毅力。清华人勤奋刻苦引起了台湾学子的深思，2007年，台湾学生王振随团参观清华大学时，让他感触颇深的是，几位陪他们的清华学子在小憩间隙下仍不忘读书，而且阅读面相当广阔。作为大陆高考翘楚的清华学子为何仍需如此辛苦？王振将这一疑问提出时，一位清华学子的回答是：知识经济时代，若不努力，一回头已是望洋兴叹。不少台湾学生还发现：清华的图书馆里全部满员，其勤奋刻苦的情景让人为之动容。台湾学子顿生感慨：清华学子像一盏盏不愿熄灭的灯火……

　　清华为什么会释放出如此强大的正能量呢？这种强大的正能量的源泉又来自什么呢？归根结底是清华人"自强不息"的精神起到了核心作用。也正是清华人这种"自强不息"的精神，让他们释放出了一股强大的正能量，不仅激励着自己，也照耀着别人。

3

辛勤耕耘的氛围如何在清华发扬光大？

辛勤耕耘这个优良传统早已融入了清华人的血液里，一代又一代的清华人不断继承并将其发扬光大，使得清华长盛不衰。每一个清华人用辛勤耕耘丰满了自己的事业，同时也垒高了清华的伟业。清华大学水利水电工程系主任张建民在回顾水利水电工程系半个世纪的光辉历程时指出：清华大学水利系之所以能有今天，更深层次的还得归功于清华水利人长期以来在清华精神熏陶下所形成的诸多优良传统和优秀品质，推动了几代清华水利人的辛勤耕耘。五十年来，清华水利人是"自强不息，厚德载物"这一校训的忠实实践者；五十年来，清华水利人坚持爱国、奉献、敬业、自强，将个人的前途命运与国家强盛、民族振兴紧密联系起来，为实现理想而奋斗不止……

由此可见，榜样的力量是无穷的。清华自建校以来，名人辈出，这些名人又有哪一个不是经过辛勤耕耘才获得了他们应有的荣誉和地位的呢？如国学大师赵元任、"深藏图书馆"的高材生吴晗、不畏艰难求真知的竺可桢等等。一代代清华学子看着前辈创下的辉煌成就，不断激励着自己努力学习，争取有一天能超越前辈，继续续写清华的辉煌历史。所以，正是清华人榜样的力量，才让这种辛勤耕耘的氛围能在清华里发扬光大。

心理学家马斯洛这样说过："态度改变，你的习惯跟着改变；习惯改变，你的性格跟着改变；性格改变，你的人生跟着改变。"

著名的文学家列夫·托尔斯泰从七岁开始就养成了写日记的良

好习惯，每天他会把好玩的、有趣的事物记下来。在平时，列夫·托尔斯泰还习惯于收集一些名言警句、名人故事。经过大量的阅读，列夫·托尔斯泰开始着手进行文学创作，深厚的文化积淀让其作品具有相当高的文学价值，他的作品一经发表就被人们争相购买。显然，习惯不仅为列夫·托尔斯泰创造了勤奋、踏实的写作氛围，也成就了他在文学史上的地位。在清华，勤劳、勤奋是清华人自然形成的一种好习惯，正是这种习惯，营造了清华辛勤耕耘的良好氛围，在这种氛围被不断发扬光大的同时，也帮助清华拥有了优良的学风。清华人通过榜样的作用，用自身勤奋努力的习惯，激励着一届又一届的清华学子发扬不怕艰苦、勤奋好学的精神，让辛勤耕耘的氛围在清华校园里茁壮成长。清华人慢慢将辛勤耕耘的这种习惯内化为自己的品质，不断向社会传递正能量。

4
清华的勤劳精神教你脚踏实地地做人

历史经验告诉人们，不是每一个有影响力的人物都是天资聪慧的，每个人不可能都有像爱因斯坦那样聪明的大脑。而名人之所以能成为名人，并非因为他们有超于常人的头脑，而是因为他们有比常人强百倍、甚至是千倍的勤劳精神，而勤劳也是清华取得百年辉煌最重要的原因之一。

勤劳精神在清华人身上展现得淋漓尽致。伟大的数学家华罗庚在小的时候，因其家境贫寒，上学对他而言是件奢侈的事情。初中毕业后，家里无力再支持华罗庚读高中了，于是华罗庚无奈之下去了上海黄炎培创办的中华职业学校，学习会计。过了几个月，因无力支付学费而被迫辍学。之后，华罗庚为了生计回到家里，在父亲的店里做起了会计，他一边做会计一边继续研究数学。当华罗庚后来取得巨大的成就回想起这段辛酸的日子时，他说是他脚踏实地走过了那段日子才取得了如今的成就的。当时，"穷"剥夺了华罗庚年轻的梦想，华罗庚不得不在冬天顶着寒风，擦着鼻涕为别人干活，而在干活的同时他还不忘看书学习，这种日子直至华罗庚成年。有一年华罗庚因受风寒感染了严重的伤寒症，经过几个月的调理，虽然身体好了，但是却留下了病根——腿关节受到了严重的损害，落下了终身残疾。但华罗庚并没有放弃，他即便挂着拐杖都要坚持学习，经过长时间坚持不懈的努力，他最终成为了闻名全世界的科学家、数学家。华罗庚的这种勤奋精神正如他说过的一句话："科学的灵感，决不是坐等可以等来的。

如果说，科学上的发现有什么偶然的机遇的话，那么这种'偶然的机遇'只能给那些有素养的人，给那些善于独立思考的人，给那些具有锲而不舍精神的人，而不会给懒汉。"

从华罗庚的经历就可以看出，一个平凡人只要勤奋，就会超越平凡，就能做到出人头地。

在现实生活中，人人都有梦想，都渴望着梦想实现的一天，都想找到一条通往梦想的捷径。其实，实现梦想最好的捷径就是勤奋努力、脚踏实地。

著名物理学家居里夫人正是通过自己的勤奋努力，脚踏实地换来了成功。居里夫人是家中最小的孩子，父母都是老师，收入微薄。后来大姐和妈妈在她年幼的时候因为患病相继离她而去，这让年少的玛丽娅（居里夫人婚前名为玛丽娅·斯卡洛多斯卡）不仅痛苦万分，而且还得在学生食堂协助做饭，每天要工作很长时间。然而她仍获得了中学生优秀奖章。这样的生活环境促使居里夫人不得不很早就学会独立生活，同时这种生活也磨砺出了她坚毅的性格。居里夫人在学习上非常刻苦努力，并且对学习有着强烈的兴趣，面对学习机会，她从不轻易放弃。因为家境的原因，居里夫人不得不放弃读大学的机会。居里夫人的父亲曾经在圣彼得堡大学读过物理学，父亲对科学的钻研精神对居里夫人的影响很大，所以居里夫人对物理学、化学等自然科学非常感兴趣，甚至到了一种如饥似渴的状态。无法继续深造的居里夫人为了自己的梦想，不得不一边做家庭教师，一边刻苦努力学习科学知识，为将来打下坚实的基础。在 24 岁的时候，居里夫人终于进入了她梦寐以求的知识王国——巴黎大学理学院学习，艰苦勤奋的学习使她的成绩走在了同学的前面，她仅仅用了两年的时间就以第一名的成绩获得了物理学学士学位。次年她又通过自己的勤奋努力获得了数学学士学位，并受到法国的邀请参加钢铁的磁性科研项目。1896 年居里夫人顺利完成大学任职考试，但是此时的成就已经不能满足居里夫人对科学的向往，于是她又通过自己的努力获得了博士学位。居里夫人一生脚踏实地，用勤奋努力换来了 100 多个名誉头衔和 16 种奖章，但

是她对这些名誉并不看重，而是踏踏实实地研究科学，她也因此两度
获得诺贝尔物理学奖。所以一个人要想成功，光具备奋斗的精神是不
够的，还需要脚踏实地地刻苦钻研，才能获得真正意义上的成功。

　　一代代清华人用他们的实际行动践行着清华的勤奋精神，告诉世
人应该脚踏实地地做人。自新中国成立以来，体育事业蓬勃发展，体坛
众星云集，身为清华人的邓亚萍自身的体育条件不是太理想，但是她却
成就了我国乒坛史上的一个神话，她成功的秘诀不是别的，就是脚踏
实地地努力。身高只有 150cm 的邓亚萍不相信谁天生就有好条件。她
从 5 岁开始苦练乒乓球，在她 10 岁的时候凭借勤奋的精神和脚踏实地
的作风，以惊人的速度荣获了全国少年乒乓球比赛的两项冠军，因其
出色的表现入选国家队。面对这样的成绩，邓亚萍并没有骄傲自满，
依然保持着勤奋努力的态度，脚踏实地苦练。13 岁时，她获得全国冠
军，15 岁时，又获得亚洲冠军，后来又在巴塞罗那奥运会上勇夺女子
单打冠军，在瑞典举行的第四十二届世乒赛上与队员合作夺得团体、
双打两块金牌，并在乒坛世界排名连续 8 年保持第一，成为名副其实的
世界乒坛皇后。由此看出，成功不需要你天资有多么得天独厚，多么
优越，只要你有一颗脚踏实地的心和勤奋努力的精神就够了。邓亚萍
退役后，分别在清华大学和英国学习，使邓亚萍精神和清华精神结合
得完美无缺，也为清华精神增添了新的元素。

　　清华人的故事在佐证着这样一个道理，成功需要勤奋，需要脚踏
实地来实现，没有勤奋就没有成功。所以，成功要脚踏实地，只要你
真正做到脚踏实地，刻苦勤奋、孜孜以求，就会获得成功。

5
清华人为勤能补拙的正能量代言，你也可以

"我是清华人，我并非智力超群，我之所以成功，是因为我勤奋，在为知识、为事业辛勤耕耘，我为勤能补拙代言，相信你也可以。"这是清华人的豪迈之语，其中并无半点虚假，因为每一个清华人身上都充满着勤奋的正能量。假如勤能补拙需要代言人的话，那么清华人就是最好的人选。因为，清华人的勤奋、自信、勤劳是远近闻名的，他们的勤奋精神为人们所赞叹和敬佩。如果想为勤能补拙代言就需要像清华人一样用自己的勤奋，去获得属于自己的成功。因此，为"勤能补拙"代言，你也可以。

著名文学家郭沫若说："古往今来有成就的人并不都是天资高的人，有许多天资差的人经过勤学苦练也做出了很好的成就。"有些人天资本来很差，但最终获得了让人羡慕的成就，那是为什么呢？这并非上天在眷顾他们，而是勤奋成就了他们。

当爱迪生被问道为什么会如此成功时，他很轻松地说："天才是百分之九十九的汗水加上百分之一的灵感。"爱迪生的这句话用在邹淮纹的身上是再合适不过了。清华人邹淮纹在清华就读时，经常到东南亚、拉美等地出差。为了有效地利用时间，每次在飞机上，他都坚持读书，有时一读就是半本。在飞机上读书、记笔记的习惯，他一直保持至今。回忆起那段日子，邹淮纹谈到更多的是收获，他积累了很多经验。"自强不息，厚德载物"，这八个字激励着无数的清华人追求卓越。每当工作中遇到困难时，他都会想到这八个字，想到清华的

老师和同学。

　　评价一个人获得的成功有多大，不是看他令人羡慕的成就，而是看他在成功道路上流过多少汗水，走过多少艰难险阻，克服多少困难，花费了多少心血，其实最终是归于看他有多勤奋。勤奋的人不一定就会成功，但是获得成功的人必定是勤奋的。

　　艺术家梅兰芳在成功的道路上就付出了很多艰辛，他刚去拜师的时候，师父说他目光呆滞，傻头傻脑，不适合学戏，说什么也不肯收他。但是这样的打击，并没有击退天资欠缺的梅兰芳对艺术的那颗追求之心，梅兰芳通过不懈努力，他的表演艺术，不仅使国人叹为观止，而且轰动了世界各地。他的成功，不仅使京剧的影响遍及普罗大众，而且更使京剧以其最经典的形态进入了世界主流艺术界，并且获得了普遍承认。

　　因此，要想获得成功，你所要做的就是勤奋，只有勤奋你才能离成功更近。你越是勤奋，成功就会向你走得越快，但为勤奋代言不是那么简单的，它需要你的付出。当成功还没有到来时，请不要沮丧，因为成功已经在到来的路上了。

　　成功孕育在勤奋中，在勤奋中人们收获了知识和学习的经验，这些都是成功，只有不断地积累，终有一天这一切都会推动着你走向最大的成功。勤奋又是一种精神食粮，有了这种精神食粮，就会为你在通向成功的路上源源不断地输送动力。无数清华人用他们的故事和卓越的成就激励着一代代年轻人艰苦奋斗、辛勤耕耘。成功没有专属，勤奋也一样，清华人的成功，并不令人羡慕，只要你想拥有同样也可以。只要你勤奋，相信总有一天，你也会像清华人一样成为勤奋正能量的代言人。

第十四章

【心态正能量】

清华人用理性的思考平抑内心的浮躁

一个人拥有好的心态，能变得乐观豁达；拥有好心态，可以顺利走出逆境；拥有好的心态，才能做到"宁静以致远"。清华人的故事告诉我们，只有积极、乐观、阳光的心态才能让人获得幸福、财富、成功，尤其是在今天快节奏、高效率的压力下，在工作上、学习上和生活中拥有一个好心态极为重要。心态决定成败，想在学习上超越同学，在职场上游刃有余，唯一的途径就是积蓄积极向上的心态正能量，保持良好的心态，蓄势待发。心态是把双刃剑，它可以带给你爆炸性的正能量，也能带给你绝望和沮丧的负能量。如果能像清华人一样用理性思考平衡内心的负能量，释放正能量因子，那么在这个复杂的社会中，你就能应对自如。

1

教授告诫：心态是把双刃剑，小心被其"刺伤"

　　每个人成长的环境不一样，这就导致了人们看待事物的心态不一样，而心态不一样也就决定了人和人之间命运不一样。人生下来就是平等的，但是后来，有些人成功了，有些人还是平凡的；有些人富裕了，有些人还是一贫如洗，究其原因，与人的心态有很大关联。清华教授孙立平这样告诫他的学生："心态是把双刃剑，小心被其刺伤。"的确，心态能让人成功，也能让人失败，能让人富裕，也能让人贫困。心态是一把双刃剑，积极的心态和消极的心态决定了一个人的成败得失，选择什么样的心态的自主权掌握在自己手中。在生活中，对心态的掌握往往都是后知后觉，等发生以后才恍然大悟："哦！原来心态不一样的话，事情的结果就截然不同啊！"

　　同时在工地上工作的三个农民工，他们都做着砌砖的工作。一天，路人问其中一个农民工："你在做什么呢？"第一个农民工比较害羞，悄悄地说："你没看见吗，我正在砌砖啊！"然后路人又问了第二个农民工："你在做什么呢？"第二个农民工说："哎！我在为了几十块钱辛苦工作。"他的脸上写满了抱怨。而同样的问题问第三个农民工的时候，他欢快地回答："这你都不知道啊！我正在建造世界上最伟大的建筑，它是这个城市的地标！"同是农民工，他们的回答却不相同。若干年后，第一个农民还在砌砖，第二个农民工在做别的职业，第三个农民工成了一名著名的建筑师。由此可见，你用不同的心态去对待人生，你就会有不同的收获。

因此，在生活中，不管你从事什么行业，都要记住心态是一把双刃剑，不要让它刺伤了你。要想获得成功，就要时时刻刻保持一种积极、乐观、向上的心态，这样，不管从事什么行业都会如鱼得水，取得最终的成功。如在体育竞技中，心态对于一个运动员来说至关重要，这是取胜的法宝。美国射击名将埃蒙斯，在 2004 年、2008 年两届奥运会中就因为被心态"刺伤"而尝尽了苦果，每次比赛开始后，埃蒙斯的成绩都是大幅度的领先，但在发最后一枪的时候却总会出现致命的失误，最终在两届奥运会中惨败而归。对于埃蒙斯失误，众说纷纭，但是每个运动员都深知，成功的决定性因素就是选手的心态，拥有积极的心态会让人们超常发挥，心态不稳定就会犯一些低级的错误，从而让人在比赛中留下遗憾。

2
心态正能量，清华人带你走出人生逆境

　　心理学家研究发现，人在逆境中的压力是最大的。但是清华人往往能够将这种压力变成动力，知难而上，奋发图强，充分发挥自己的主观能动性。因为他们明白，有压力才有动力，才有一个良好的心态。人的心态都是被逼出来的，凡事都是对立统一的，这是千古不变的规律，顺境往往就蕴藏在逆境之中，逆境中消极的心态能让一个人所处的环境加速恶化，相反，积极的心态会让人从逆境过渡到顺境。

　　一个成功的清华人在被问到逆境中为什么还会有那么强大的心态正能量的时候，他给记者说了这样一个故事：有一个自以为天下第一、骄傲自负的年轻人，经过多年的学习，终于学有所成，他非常高兴，认为终于可以把毕生所学用于实践了。毕业后他就去找工作，因为金融危机，工作特别难找，他在找工作的过程中处处碰壁，一直没有自己理想的工作可做，他觉得自己怀才不遇，于是感觉特别失望，一次又一次的碰壁让他对生活特别失望。在痛苦和绝望中，他跑到了海边，准备跳海来结束自己悲惨的一生。正当他打算跳入海中的刹那，从海边路过的一位老渔夫叫住了他，问他为什么要跳海。他说他有一肚子的才学而不被重用，得不到社会和他人的认可，没有人欣赏他，没有人让他用一生所学来回报社会。老渔夫不慌不忙，慢慢走到了沙滩上，随手就抓起一把沙子给年轻人看看，之后便把手中的沙子很随便地撒在了地上，对年轻人说："请把我刚刚撒下去的沙子捡起来。"年轻人很是为难，说："这怎么可能捡得起来呢？这是根本不

可能的事。"老渔夫没有说任何话,他伸手从自己的口袋里拿出一块金币,金币金光闪闪,很是耀眼,他随手就扔在了沙滩上,对年轻人说:"现在请你帮我把金币捡回来。"年轻人说:"这太简单了。"老人说:"既然这样,你还要跳海吗?你应该清楚地认识到,自己还不是一块金子,是金子总会发光的,所以你不要急于让别人承认你,你要有一个积极的心态,想办法让自己成为一块金子才行。"年轻人恍然大悟。是的,成功之前必须保持良好的心态,要知道自己只是一粒普通的沙子,而不是一块金光闪闪的金币,要想出类拔萃,就要承受住忽视和轻视、打击和挫折,心态平和,背向阴影,面向阳光。

实际上,清华人也并不是做什么事情都是一帆风顺的,他们也有逆境。但是,只要自己的内心阳光了,世界也就阳光了。

德国小说家弗兰克认为:你可以拿走别人许多东西,唯一拿不走的是一种阳光的心态,是一种四两拨千斤的巨大能量。它能让人在沮丧的逆境中找到成功的阳光。

一个高二的女生,总是对她的母亲抱怨,学习压力大,考试经常处在班上最后一名,内心极其消极。她的母亲喜欢做菜,看到女儿整天闷闷不乐的,于是就把女儿带到厨房,准备了三只锅,分别往锅内盛满了水,然后加热,直至烧开,烧开后,她往第一个锅里放了一些胡萝卜,往第二个锅里放入咖啡粉,往第三个锅里放了些鸡蛋继续煮着。20分钟后火熄灭了,母亲分别把胡萝卜和鸡蛋捞出来放到盘子里,把咖啡舀到一个碗里。这些工作做完后,问女孩:"你看见什么了吗?"女孩说:"胡萝卜、咖啡、鸡蛋。"随后让女儿触摸了碗里的东西,说:"有什么变化吗?"女儿说:"胡萝卜变软了,鸡蛋变硬了,咖啡变香了。"她随即问自己的母亲:"母亲,这意味着什么吗?"母亲意味深长地说:"孩子,你看开水就如同人生逆境,这三种东西在开水中煮沸的时间相同,但是结果完全不一样,胡萝卜原来结实强硬,但是面对煮沸的开水就变软了,变弱了;咖啡粉只是粉末,遇到开水后就与其融为一体了;鸡蛋原本里面是柔软的液体,但是面对开水这样的逆境它却变得强壮了。"说着转过身来问女儿,"你是哪一个呢？当你处在逆境中的时候，你会用什么样的心态和反应去面对它呢？"女儿恍然大悟。自此之后，在面对逆境的时候，她心态平和，积极阳光，她那柔弱的内心逐渐变得越来越强大，克服了重重难关，最终成功考入自己理想的大学。

看上去很强硬的人在面对艰难和逆境的时候是不是就变软了呢？或者是一个内心柔弱的人在遇到逆境，如失恋、失业等时候就变得强大了呢？或者像咖啡一样面对逆境的时候反而微笑地去改变它？这些都是不同的心态，也是不同的态度，每个人都有权利在逆境中选择自己的心态，但是不同的心态会造就不同的结果。假如选择积极进取力求突破的心态，它会让你从逆境中走出来；选择消极、虎头蛇尾的心态，只会让你在逆境中越走越远。

一个人能否轻松地走出逆境不是取决于自身能力有多高、条件有多好、财富有多少，这一切都取决于他的内心，心态消极、自暴自弃是难以走出逆境的，生活中不要太在意失败，要用一颗积极阳光的心态理性地对待逆境。要像清华人一样，积蓄强大的心态正能量，努力适应环境，调整心态，理性思考，脚踏实地地做好人、做好事，这样才能从容地走出逆境，拥抱明天，拥抱希望，成就辉煌的人生。

3
心态的端正与否决定未来的人生走向

一个人的人生方向不是由他的出身环境、财富或学历决定的，这一切都取决于他的态度是否端正。美国著名心理学家高尔顿·威拉德·奥尔波特说过这样一句话："人类可以通过改变他们的思想，从而改变他们的生活。"也就是说，一个人的心态决定了一个人能否成功，决定了一个人未来人生的走向。

1973 年成功学缔造者、大师拿破仑·希尔离我们而去，其成功理论和成功学定律成就了许许多多的成功人士。拿破仑·希尔曾说："人与人之间只有很小的差异，但是这种很小的差异却造成了巨大的差异！很小的差异就是所具备的心态是积极的还是消极的，巨大的差异就是成功和失败。"是啊，心态的端正与否往往就决定了一个人的成功和失败。

一个农民问自己的两个儿子长大后干什么，小儿子回答说："我要学习科学文化知识，我要走出这穷乡僻壤。"大儿子回答说："人们不是说要子承父业嘛！我当然也要跟你和妈妈一样种地呀。"后来，小儿子发奋读书，通过努力。终于考上了大学，又继续攻读硕士、博士，毕业后在一家外企工作，年薪上百万，彻底改变了自己的人生，而他哥哥还在山沟里种地。两个兄弟的人生截然不同，正是取决于他们对事情的心态，所以在生活中，要想让你的人生与众不同，就得端正自己的心态。

现在很多年轻人，工作心态极其消极，一开始上班就要求公司给他多少薪水，还想要公司给他的工作轻松，这样的心态决定了他将来的发展空间必定十分有限。因为一个刚刚毕业的大学生，去公司更多的是要锻炼自己，提升自己的经验，让学习的理论知识有所用处，经过长时间的学习，获得成长。

其实每个人都在成长，在成长的过程中心态一定要端正，就像刚刚步入社会的大学生，刚开始工作时不要在乎你能拿到多少工资，最重要的是锻炼自己，学到社会经验，最重要的是成长。但是在现实生活中人们总是会犯第一棵苹果树的错误，那是因为没有端正自己的心态，忘记了生命是一个慢慢发展的量的积累过程。因此不要急于求成，刚开始工作一定要积累自己的人脉、知识、经验，这些才是我们所要的东西。有了积极向上的心态，就会聚集无穷的正能量，而人生变化只是时间上的问题。

心理学家做过这样一个调查，从全世界的癌症患者中抽取了100人作为调查的样本，其中每个人的心态都不一样，但是大致可以分为对生活保持积极心态的患者和对生活持悲观心态的患者，他们各占50人。5年后，保持积极心态的50名癌症患者只死了8个，而持悲观心态的50名患者死了36个。深究其原因，是心态决定了事物的发展方向。

如今人民生活水平提高了，财富增长了，知识水平提高了，整体的国民素质提高了，但是人们的满足感、幸福感却在不断地下降。2012年央视做了"你幸福吗"的采访，面对这一问题很多人都作出无奈的回答：怎么幸福？今天很多人的人生并没有朝着自己期待的方向发展，反而越走越远，这能叫幸福？这一切都是什么原因？其实，是人们心态变得急躁了，这种心态慢慢就会变成习惯，从而影响一个人未来人生的发展方向。

所以，一个人要获得成功就要端正心态，因为心态决定了未来人生的发展方向。学习清华人，端正自己的心态，让积极阳光的心态绽放出巨大无比的正能量，让你的人生光芒四射。

4
内心浮躁的人都是心态不平衡的人

进入二十一世纪，社会变革脚步加快，社会结构、社会利益处在一个大调整期。在结构的调整中，人们面临社会利益的重新分配、社会角色的重新定位等问题。随着高科技产业和信息产业的急速发展，社会竞争激烈，以致个人私欲泛滥，人们不断地追求快节奏、高效率。在这样的大环境下人们变得异常敏感、浮躁。现代的人们为生存奔波劳累，为钱放弃信仰。人的内心不再平静，在欲望的驱使下，攀比之心越来越严重，人们看待事物的心态变得不再对等，而心态的失衡，使人们内心更加浮躁，社会更加浮躁。如此一来，人们心态的天平就会走向极端，可以说，内心浮躁的人都是心态不平衡的人。

在西部的一个小镇上有个名声极好的干部，他被当地的人们亲切地称为人民的公仆，政绩特别突出，不断受到政府的嘉奖。随着西部大开发的春风吹到这个小镇上，小镇发生了翻天覆地的变化，工厂入驻小镇，大量的投资也涌入这个小镇，人民生活水平提高了，有的人借此机会发了大财，开宝马、住别墅、养小三，整天花天酒地。他身边的好多同事都比他有钱，有的升迁还比他快，于是他的内心开始悸动，开始觉得这个世界不公平，因为不论是能力、口碑还是学历，他的同事没有一个比他强，但是现在都比他富有，还经常得到领导提拔，他的心里渐渐感到不平衡。尤其是一些好逸恶劳的农民也成为了百万富翁，更是让他感到不平，他每天责任大、担子重，但是到头来却两手空空，心里也越来越浮躁，产生了"为什么不捞点钱"的念头。欲望就像黄河之水泛滥一样，一发不可收拾。于是，他开始大肆收受贿赂，以满足极度失衡的心态，他的思想也更加浮躁。正当他"干劲"十足的时候，镣铐锁向了他，他在人民群众中的好名声也一败涂地。这充分说明，不平衡的心态会让一个人的内心变得焦躁不安，矛盾充斥着内心，让人变得浮躁、牢骚满腹，人们开始萌生出一种不劳而获的侥幸心理，玩火烧身，最终走向了命运的不归路。一个人的成功与否往往取决于他是否有一个平静的心态。

一个虔诚的佛教徒，有一天遇见了佛祖，佛祖看他内心平静，不浮不躁，想收他为自己的弟子。不过，佛祖还想考验考验他，就对他说："我满足你一个愿望，你就不用整天化缘了，而你的师弟也会得到相应的福利，而且比你多好几倍。"这个教徒高兴坏了，太好了！终于不用那么辛苦地化缘了，但是又觉得不对："假如佛祖给我一亩土地，那么我的师弟就会得到几亩土地；假如佛祖给我一箱金子，那么我的师弟就会得到几箱；假如我想结婚生子了，娶一个美女，那么我的师弟就会得到几个。"他这样想着心里就开始变得不平衡："我各个方面的能力都比师弟强，为什么他要比我多那么多好处？"他扭曲的心态引领着他做出了更多可笑、可悲的事情。所以，心态平衡了，不管遇到什么事，不管在什么样的背景下，他的内心都会变得淡定、从容而不浮躁，这样不仅能激发他的灵感，而且在关键时刻也能够帮助一个团队渡过难关，化险为夷，获得理想的效果。

心态的不平衡常常令人坐立不安、心不在焉，总是喜欢计较，患得患失、朝三暮四、急于求成，让人变得越来越浮躁，人越浮躁心态就越不平衡，心态越不平衡就越浮躁，这就形成了一个恶性循环。无论是做人还是做事，如果心态不平衡、内心浮躁，只会让问题变得越来越糟。在现实生活中有很多无奈，当看到别人比自己过得好、工作比自己有前途、财富比自己多的时候，内心的不平衡感自然就出来了，就会导致进取心急切，虚荣心强，争强好胜。于是就学会了夸夸其谈，伪装自己，溜须拍马，但是一遇到大事又不敢担当，经常为一点小事就惊慌失措，整天提心吊胆，浑浑噩噩。长此以往，这种心态形成一种习惯，就会影响一个人的一生。

一个人要想在今天这样一个快节奏的社会中站住脚跟，首先就得学会做一个不浮不躁的人，其中端正心态是关键。这一点应该向清华人学习。清华人正是有了这样良好的心态，才会在祖国的各个领域取得如此骄人的成绩，这是一种心态正能量，只要心态平衡了，人们就可以踏实安稳地学习、工作。

人人都渴望幸福，渴望成功，其实成功和幸福是要靠心态的平衡来支撑的。有了平衡的心态，就会让你不浮不躁，内心得以宁静，会使人变得睿智、开朗、豁达。一个浮躁的人必定是一个心态不平衡的人，正是由于内心的不平衡，使他失去理智，变得嫉妒、懒惰，最终沦为一个失败者。从中可以看出，一个心态不平衡的人必定是一个浮躁的人，两者互为因果。在今天这个时代，静下心来，保持心态平衡，理清人生方向，不浮不躁，才能顺利到达成功的彼岸。

5

让理性思考清除内心深处的"污垢"

　　一个人的成功不仅要靠能力、经验，而且也需要冷静和理性的思考，这样你才能在为人处世中获得事半功倍的效果。现在这个世界，农民不再种地了；公交车上没人给老人、孩子、孕妇让座了；过不好怪父母，没机会怪社会；娶媳妇要有车有房，嫁人要嫁高富帅……这些现象无不是社会的"污垢"，这些"污垢"是一种浮躁现象。现在的社会，不管是小到三四岁的小孩，还是大到七八十岁的老人，都感到这个社会给他们的生活、学习带来了极大的压力。在这样的压力下，人们的内心存在污垢是难免的，但是关键是要及时赶走它，不要让它成为你成功的绊脚石。

　　成功的人总是喜欢用理性的思考和乐观的心态来支配自己的人生。在清末时期，湖南的一个小山村因为长年战乱，国家强征赋税，而变得越来越贫穷。村子里住着兄弟二人，因为忍受不了贫穷的生活，便离开了小山村到外地谋生。可谁知兄弟二人，出门就被骗了，哥哥被卖到繁华的旧金山，弟弟被卖到了比中国还穷的马来西亚。若干年后，经过数次波折，兄弟二人终于得以团聚。团聚后，兄弟二人互相寒暄，各自聊起了分离后的生活。哥哥在美国旧金山有多处房产，而且是当地华侨协会的主席，还发动侨民捐款支持孙中山的革命事业，他有很多孩子，而且孩子们也都十分成功。而弟弟成为了马来西亚最富有的华侨，他拥有东南亚最大的橡胶园，甚至还有自己的银行，生活一点不比在繁华的美国的哥哥差。为什么兄弟两人不同的人生境遇会有着同样的成功呢？哥哥说："我之所以比其他华侨还成功，不是因为我有多聪明，而是因为我不管遇到什么事情先理性思考，是理性的思考让我的心态始终保持得非常好，做起事来非常顺利。尽管我被卖到了美国，我理性地思考我所处的现状，没有因为这样的命运而自暴自弃，我依然保持着对未来充满向往的乐观心态。到了美国，我没有其他才能，只有为别人干最脏最累的活。在干活时我不断思考怎么改变现状，终于通过不断地积累经验和资本，成功开了第一家中国餐馆，生意越来越好。生意越是好，我越是不浮躁，经过冷静的思考后，我用赚来的钱在美国买了很多地，结果地又升值了，才有了我今天的成功。"弟弟说："虽然我没有哥哥那么幸运，但是我和哥哥一样，通过理性思考获得了成功。当我来到陌生的马来西亚时，看到那里的人们又穷又懒，吃的东西没有一顿是像样的，简直可以说是人间地狱，很多人都消极度日，得过且过。但是我并没有这种消极心态，我告诉自己，不管日子有多艰难，只要理性地去思考，总有解决的办法。于是我利用当地人懒惰的心态，不怕苦不怕累，做起了他们不愿做的事情，我不断地收购不断地扩张，才成就了今天的事业。"这两兄弟的奋斗史说明了一个道理，影响人成功的主要因素是理性的思考和积极的心态，如果没有理性的思考，心态再好也是白搭。

每个人都想往高处走，但只有那些冷静而行的人们最终登上了那个看起来遥不可及的顶峰。

一位刚刚进入乐坛的歌手，在一次演出中，她最后一个上台。在她前面的都是一些大牌明星，因此她的内心非常紧张。面对上万名观众时，她由于急于表现，一紧张词唱错了，于是她内心消极起来，心想自己没能力完成这场演出了。越想内心越害怕，这时，前面演出的明星走过来给了她一张纸条，纸条上这样写道："这是一场演出，你能超过我。"女歌手看到纸条后，冷静地思考了一下纸条表达的意思，渐渐地忘记了那些消极、紧张、浮躁的心态，她自然发挥，把她的演唱演绎到了极致，美丽的歌声传到了每个听众的心里，当场就有制作人与她签约。演出圆满结束后，女歌手找到那个明星感谢他，他却说：

"我没有帮你，帮你的是你的冷静思考。"

在人生的舞台上，产生消极、浮躁、紧张心态的时候，没有人能帮我们，能帮我们的就只有我们自己。那位女歌手正是因为冷静思考、分析，才克服了消极、紧张、浮躁的心态，成就了一场完美的演出。

清华人也是人，在他们身上也有浮躁、焦虑、失落等消极心态，清华人为什么能传递积极向上的心态正能量？那是因为他们在遇到这样情况的时候都懂得理性思考，从容面对，把心中消极的、负面的心态抛诸脑后。面对这样一个浮躁、贪图享受的社会，清华人以自己的能力，本可以过安逸舒适的生活，但理性告诉他们，祖国和人民需要他们，所以他们能抛却心中的浮躁和污垢，积极投身到社会主义建设中去。

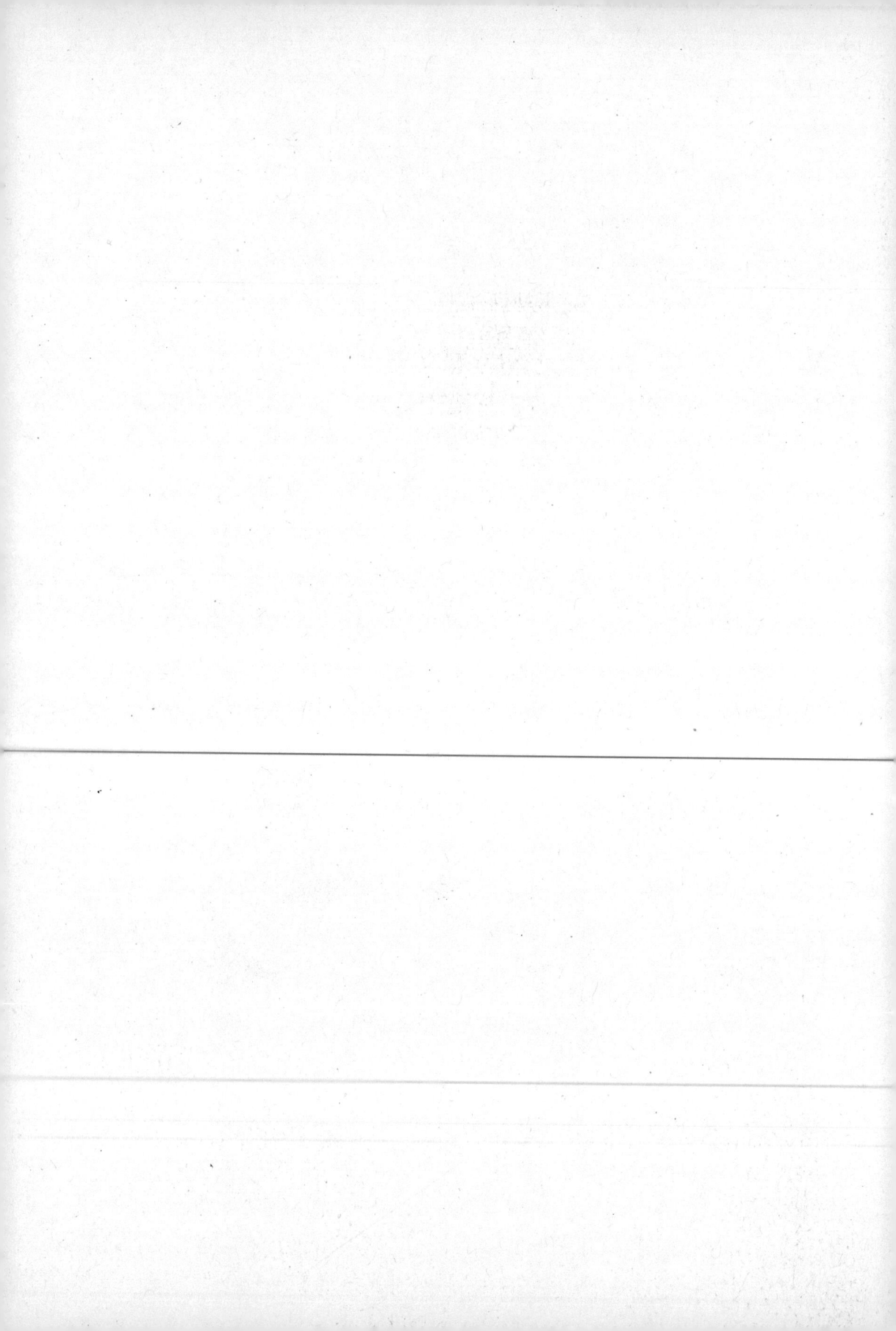